情報ネットワークの仕組みを考える

河西宏之・北見憲一・坪井利憲 著

朝倉書店

本書は，株式会社昭晃堂より出版された同名書籍を再出版したものです．

まえがき

　インターネットや携帯電話が急速に普及し，私たちを取り巻く社会や経済の仕組みを変革させ，そのことがまた，慣れ親しんだ生活スタイルに抜本的な変化を与えはじめている．これは，パソコンに代表されるコンピュータの爆発的普及と，その間の情報交換を支える情報ネットワークの発展によるところが大きい．そしてIT（Information Technology）や情報ネットワークを使いこなすことが，読み，書き，そろばんと並んでリテラシーとして必須となってきている．わが国政府は，2001年からe-Japan計画を推進しており，いつでも，どこからでも情報を利用できるユビキタス情報社会の実現を目指している．

　これらの変革を支える形で，21世紀に入ってからの情報ネットワークを取り巻く環境の変化は，非常にめざましく，刺激的である．従来から利用されている電話線を使ったブロードバンドサービスは，料金が定額制で，かつ非常に安くなっていることもあり，開始から3年足らずで1000万加入に普及し，ネットワークの利用形態に大きな変化を生じさせている．また，携帯電話も本格的な普及は1995年頃からであるが，iモードに代表される情報サービスも本格化し，2001年10月にはIMT-2000と呼ばれる技術基準に基づいた第3世代サービスが開始され，高速のデータ伝送を可能とするなど，多彩なサービスを利用できる新しい情報ネットワークの場を世界に先駆けて実現している．

　本書は，21世紀の社会基盤となる情報ネットワークについて，情報の送られる仕組を分りやすく記述している．従来の教科書では，通信や情報の要素技術を中心に記述するものが多く，電話やインターネットで，どのようにして通信したり，メールを送ることができるのかといったことに焦点をあてているものがなかった．このような観点から本書では，電話やインターネットがどのようにしてつながり，情報を送受信できるのかについて，個々の要素技術が連携している全体像として，理解できるように努めている．そのため，図表を多く取り入れ，理論や要素技術

の解説，数式の使用は必要最小限にとどめるように留意している．これらのことは，各章の表題からも，お分かりいただけるものと考えている．また，各章の終わりには要点をまとめており，自習にも役立つように配慮している．

このような内容としたのは，大学の学部において，初めて情報ネットワークを学ぶ人達が，身近な情報ネットワークサービスと結びつけ，全体像をつかみながら学んでいける教科書とすることを狙いとしたためである．理工学分野にとどまらず，経済学，社会学など人文社会科学系の情報ネットワークの教科書として，また広く，社会人の情報ネットワークの入門書として利用していただければ幸いである．

2004年1月

著者一同

目　　次

1　電話とインターネットはなぜつながるか
1.1　郵便では、情報はどうやって相手に届くか……1
1.2　電話はどうやって相手につながるのか……4
1.3　インターネットを使ってWebやメールを楽しむ……7
1.4　情報ネットワークとは……16
演習問題……17

2　音声とパソコンの信号 − アナログとディジタル −
2.1　アナログ信号とディジタル信号……19
2.2　ヘルツ，デシベル，およびビット……20
2.3　変復調技術……24
2.4　文字コード……32
2.5　アナログとディジタルとは……35
演習問題……36

3　電話がつながる − 電話の仕組み −
3.1　電話で話が伝わるのは……37
3.2　電話機でダイヤルをすると何が起こるか……38
3.3　電話をつなぐ相手を見つける仕組み……39
3.4　回線交換とパケット交換……40
3.5　電話ネットワークの構成……45

3.6 電話ネットワークとこれを支える技術のまとめ……48
演習問題……50

4 情報の渋滞が発生しないようにする−トラヒック理論−

4.1 トラヒックとトラヒック設計……51
4.2 ネットワークトポロジーとトラヒック設計……52
4.3 トラヒック理論の一般モデル……54
4.4 即時系のトラヒック設計……58
4.5 待時系の評価……61
4.6 トラヒック理論のまとめ……63
演習問題……65

5 電子メールが届く、Webで世界中の情報を手に入れる
　　−インターネットとTCP/IPの仕組み−

5.1 インターネットの仕組み……67
5.2 IPネットワーク……73
5.3 インターネットの運転手：IP……76
5.4 インターネットのツアーコンダクタ：TCP……79
5.5 インターネットとは……84
演習問題……85

6 大学内のネットワークはどう構成されるか−LANの仕組み−

6.1 LANの基本……86
6.2 イーサネット……88
6.3 無線LAN……93

6.4　LANの構成……97
6.5　LANとは……101
演習問題……102

7　情報とネットワークのセキュリティ
　　　－安心してネットワークを使うために－

7.1　ネットワークによるセキュリティに関する相違……103
7.2　インターネットのセキュリティ……104
7.3　暗号の種類と使用法……109
7.4　情報とネットワークのセキュリティのまとめ……114
演習問題……115

8　携帯電話を使う－無線通信と移動通信－

8.1　移動通信と携帯電話……116
8.2　携帯電話とPHS……118
8.3　電波とアクセス方式……119
8.4　大ゾーン方式と小ゾーン方式……121
8.5　携帯電話システム……123
8.6　携帯電話機と従来からの固定電話機との接続……127
8.7　携帯電話システムの動向……130
8.8　携帯電話のまとめ……132
演習問題……134

9　情報のハイウェイ－光通信とネットワーク－

9.1　ディジタル通信の基礎……135

9.2 多重化……139
9.3 光通信の基礎……142
9.4 ブロードバンドアクセス……147
9.5 情報ハイウェイのための技術とは……149
演習問題……150

参考文献……151
演習問題解答……153
索　　引……154

電話とインターネットはなぜつながるか 1

　本書では，情報ネットワークを使って何ができるか，どのような仕組みで情報ネットワークは作られているか，について学ぶ．1章では，この情報ネットワークがどんなものであるかを，実例を通して理解することを目的としている．

　私たちが自分の考え，気持ち，約束などの情報を届けたり，手にいれたりするときには，葉書・手紙，電話，Web，電子メール等を使っている．これらは，いずれも情報を届けるネットワークの代表的な利用法とみることができる．それでは，それぞれが，どのような仕組みで情報を届けているのかを，これからみていくことにする．

　ここで紹介するそれぞれのネットワーク技術については，後の章で詳しく説明するため，まずはネットワークとは大体どのようなものかを把握すればよい．

1.1　郵便では，情報はどうやって相手に届くか

(1)　手紙が相手に届くまで

　私たちが手紙を送るとき，宛先として，差出人の住所・氏名を封筒に書いた上で，ポストに投函する．ポストに投函された手紙は，郵便集配車で集められ，地域の郵便局に集められる．郵便局では，それぞれの手紙の宛先を見て，行き先毎に分ける．この，まとめられた郵便物は，トラックでそれぞれの宛先の郵便局まで届けられる．届いた郵便物は，配達地域別にさらに細かく分けられる．こうして整理された郵便物は，郵便配達人が宛先の住宅に届ける．このような手順をへ

て，手紙は差出人から宛名に書かれた人まで届くことになる．

(2) 手紙を相手に届ける情報ネットワークとしての仕組み

この郵便というサービスを「情報を運ぶネットワークとしての動き」という見方で分析してみよう．図1.1は，郵便の情報ネットワークとしての働きを示している．最初に手紙がポストに投函されるが，これによって郵便という情報ネットワークに対して，「新しい通信要求」が発生したことになる．この通信要求は，送り側の郵便局に集められる．郵便局は，宛先を見て郵便物を振り分ける働きをしている．情報ネットワークでは，この郵便局のように，通信要求を集めて行き先別に分ける「**振り分け機能**」が必要である．また，街のあちこちにあるポストから郵便局まで郵便物を集めてくる役割を「**集束**」といい，集束機能を果す部分を「**集束ネットワーク**」という．一般に，集束ネットワークは，通信の利用者と振り分け機能（ここでは郵便局）の間を結ぶことになる．一方，送り側の郵便局から受取側の郵便局までは，宛先に応じた郵便物の振り分け（分配）が繰り返される．このため，この部分を「**分配ネットワーク**」という．宛先の郵便局に届いた手紙は，郵便配達人によって宛先の郵便受けに届けられるが，これは送り手の手紙が郵便局に届くまでと逆の動きをしていて，通信の利用者（受け手）と分配機能（郵便局）を結ぶ形になるので，この部分も「**集束ネットワーク**」と位置付け

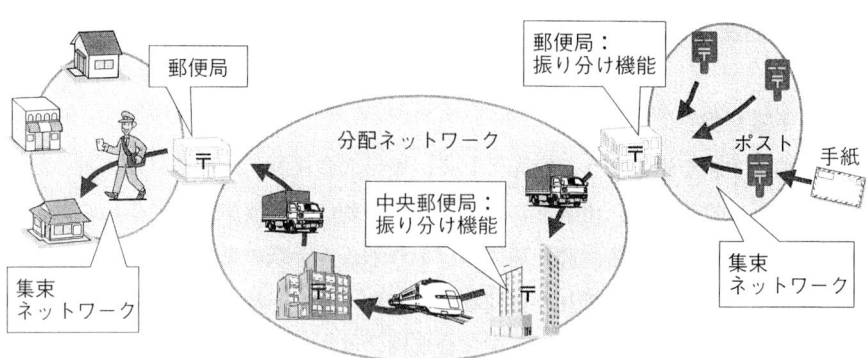

図 1.1 郵便の情報ネットワークとしての動き

られる．

以上のことをまとめると，
- 郵便は，郵便物を住所と氏名で表される宛先まで届ける「情報ネットワーク」と見ることができる．
- この情報ネットワークは，ポストから郵便局まで郵便物を集めたり，郵便局から個々の利用者宅まで郵便を配達する「集束ネットワーク」と，郵便局間で郵便物の宛先を分析して，宛先の住所を担当している郵便局までの郵便転送機能を実現する「分配ネットワーク」から構成されている．
- この「情報ネットワーク」で，情報の届け先を決めるのは「住所」と「氏名」（さらに「郵便番号」も）であり，封筒の表に宛先を示すことが，この「情報ネットワーク」の使い方の規則ということになる．

(3) 情報の届け先としての「アドレス」

このように，情報ネットワークは多数の利用者の間で，情報のやりとりを実現するもので，情報の届け先を示す情報が大切な役割を果たす．この情報の届け先を示す情報を，一般に「**アドレス**」とよんでいる．郵便の場合は，「住所・氏名」がこの「アドレス」になる．

ところで，郵便局での振り分け作業は，当初は人間が行っていたので，人間が読みやすい「住所」で宛先の郵便局を見分けていたが，これを機械化しようとすると，文字の組合せからなる住所は扱い難いものになる．このため導入されたのが「郵便番号」で，これは数字の組合せであるため機械の処理も簡単であり，上位の桁の数字で宛先の都道府県が簡単に分かる等，振り分けの効率も上げられることになる．この例のように，アドレスには，人間が読みやすく扱いやすいもの（例：住所）と，機械が読みやすく扱いやすいもの（例：郵便番号，電話番号）の2種類があり，場合によって使い分けられている．

(4) 目に触れるものとネットワークの実体

この郵便の例にあるように，私たちの目に触れるのは，ポストや郵便受けに郵

便を配達してくれる郵便配達の人達であるが，その裏には，郵便物を目的地まで運んでくれる大きなネットワークが動いている．同様に，様々な情報ネットワークでは，私たちが手に触れる電話やコンピュータしか実感できないのであるが，その裏には膨大なネットワークが動いていることを知っておく必要がある．

1.2 電話はどうやって相手につながるのか

(1) 電話が相手につながるまで

　最初にとりあげた「郵便」の世界では，郵便物を郵便ネットワークともいうべき情報ネットワークを通して指定の宛先に届けることで，情報を送っている．一方，電話では，日頃私たちが使っているように，通信したい相手の電話番号をダイヤルすると相手に電話がつながり，話をすることができる．それでは，どうやって電話が相手につながるかを調べてみよう．

　私たちの家にある**電話機**には電話線がつながっている．この線を通じて，話している音声が伝わっていく．話したい人の電話機から延びている電話線と，相手の電話機から延びている電話線を接続してやると，電話機の間で話ができることになる．この，発側の電話機と着側の電話機をつなぐ働きを「**交換**」と呼んでいる．この，電話機と電話機をつなぐ働きは，電話局に置かれた機械で実現されていて，この機械を「**交換機**」とよんでいる．

　つまり，電話から延びた電話線は交換機につながれており，交換機に話したい相手を教えてやれば，交換機が話し手の持っている発側の電話機と，相手の持っている着側の電話機との電話線同士をつないでくれて，通話ができることになる．それでは，どうやって交換機に話したい相手を教えているのであろうか．私たちが電話をかけるときに必ず使う**電話番号**が，この働きをしている．電話をかける時には，まず受話器を取り上げる．このとき，交換機から「電話番号を教えて」という意味で「ツー」という音が送られてくる．ここで，**ダイヤル**をすれば，交換機がその電話番号を読み取り，これで指定された相手に電話をつないでくれることになる．

郵便ネットワークの例で，送り側の郵便局と受け側の郵便局の紹介をしたが，電話ネットワークでも，話したい人の電話機がつながっている交換機と，相手の電話機がつながっている交換機は，同じとは限らない．この場合，交換機と交換機の間に設けられた電話線を使って，発側の電話機と着側の電話機がつながれることになる．この場合，発側の交換機から着側の交換機へ，誰に電話したいかが電話番号の形で送られ，通話が実現されることになる．

(2) **電話が相手につながるまでのネットワークの仕組み**

電話ネットワークの働きを図1.2に示す．電話というサービスを「情報ネットワークの動き」という見方で分析してみよう．話し手が受話器を外しダイヤルすると，電話ネットワークに対して，「新しい通信要求」が発生したことになる．新たな通信要求が発生すると，発側の交換機はその「電話番号」を調べ，相手の電話が接続されている着側の交換機をみきわめ，そこに向けて電話線をつなぎ，その電話線の先の交換機に通信要求も引き継いでいく．このような働きで，接続された電話線と通信要求は，着側の交換機までたどりつき，そこから着側の電話機への電話線につながれ，ベルによる着信者の呼び出しがはじまる．両端の電話機は通信の始点・終点になっており，これを一般化して「**端末**」ともよぶ．

このように，交換機は，次々と発生する通信要求を，行き先別につなぎ分ける

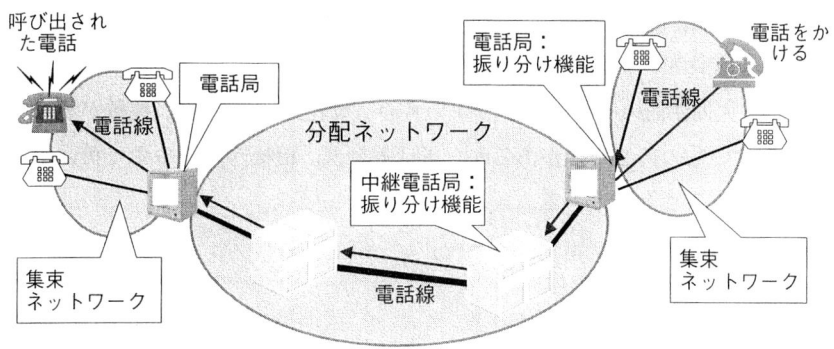

図 1.2 電話ネットワークの働き

「振り分け機能」を実現していることになる．また，利用者の住宅やオフィスにある電話機から交換機までを接続する多数の電話線からなるネットワークは，電話の要求を集めてくる「**集束ネットワーク**」の働きをしている．一方，発側の交換機から着側の交換機までは，交換機と交換機の間をつなぐ交換機や，それらの間をつなぐ多数の電話線が設けられ，電話番号に応じた電話の通信要求の振り分け（分配）が繰り返される．このため，この部分が電話ネットワークの中の「**分配ネットワーク**」になる．

以上のことをまとめると，

- 電話は，通話の要求をした人と電話番号で表される宛先との通話を実現する「情報ネットワーク」となる．
- この情報ネットワークは，個々の電話機と交換機の間をつなぐ電話線からなる「集束ネットワーク」と，交換機間で電話番号を分析して，相手の電話機を接続している交換機の間をつなぐ機能を実現する「分配ネットワーク」から構成されている．
- この「情報ネットワーク」で，情報の届け先を決めるのは「電話番号」であり，受話器を外して相手の電話番号をダイヤルする，通話が終れば受話器を置くといった段取りが，この情報ネットワークの「使い方の規則」ということになる．

(3) 情報の届け先としての「アドレス」

1.1節で，情報ネットワークにおいて情報の届け先を示す情報を「**アドレス**」と呼ぶことを学んだ．電話の場合は，「電話番号」がこの「アドレス」になる．アドレスには，人間が読みやすく扱いやすいもの[1]（脚注7ページ）と，機械が読みやすく扱いやすいものの2種類があるが，電話番号は，機械が読みやすく扱いやすいアドレスとみることができる．

1.3 インターネットを使ってWebやメールを楽しむ

1.3.1 インターネットではどんなことができるか

　最初にとりあげた郵便ネットワークは，郵便物を指定の宛先に届けることで，情報を伝える．また，電話ネットワークでは，自分の電話を通信したい相手の電話につなげて話をすることができる．それでは，**インターネット**では，どんなことができるのであろうか．

　電話ネットワークの世界では，電話機が主役であった．インターネットでは，様々なパソコンや大型コンピュータ等が主役になる．言い換えると，インターネットは，図1.3に示すように，これにつながったコンピュータの間で，様々な情報を表現するデータを届ける役割を果している．郵便では封筒に手紙を入れて送るが，インターネットでは，「**パケット**」とよばれる形式のデータのかたまりで目指すコンピュータまで転送することになる．ここで，**ルータ**とよばれる装置が，自分の所に送られてきたパケットを，その宛先をみて振り分ける分配機能を実現している．両端のコンピュータは通信の始点・終点になっており，これを「**端末**」とよぶこともできるが，インターネットでは通常「**ホスト**」とよんでいる．

　私たちは，コンピュータがその上で実行するソフトウェアによって，様々な機能を果せることを知っている．例えば，ワープロソフトを実行すれば，コンピュータは文書を作成・編集するワープロ機になる．また，ゲームソフトを実行

---

　† しかし，電話番号は，人間が操作することもあり，人間に扱いやすくする工夫もされている．私たちが通常使う電話番号は「**市内局番＋加入者番号**」の形か「0＋**市外局番**＋市内局番＋加入者番号」の形になっている．例えば，八王子の番号（042－637－2111）に対しては，同じ市内から電話をする場合"637－2111"とダイヤルするが，23区内や他県などからかける場合は，"042－637－2111"を使うことになる．これは，通常よく使う市内への電話では，ダイヤルする数字の数を減らそう，という工夫である．このようなことが可能になるよう，市内局番では「0」から始まる番号は使わないようにして，「0」から始まる番号は市外局番を含んでいることを判断できるようにしている．また，市外局番の上位の桁は，国内の地域と対応しており，この番号を見れば，おおむね，どの地域向けの電話なのか分かるようになっている（例えば，「06」で始まる場合，大阪宛となる）．

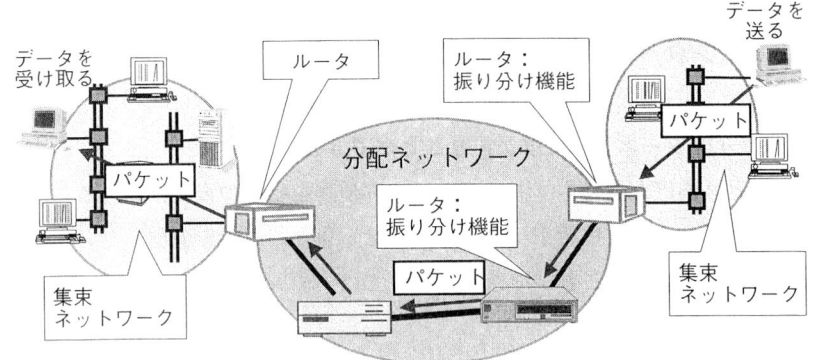

図 1.3　インターネットでの情報転送の仕組み

すれば，コンピュータはゲーム機になる．インターネットで結ばれたコンピュータ同志の通信でも同じようなことがいえる．インターネットでつながれたコンピュータ上で，メールソフトを使えば電子メールをやり取りできるし，ゲームソフトを実行すれば遠く離れた相手とネットワークゲームを楽しむこともできる．

つまり，インターネットでは，コンピュータ同士でデータをやり取りする機能と，コンピュータ上である目的を果すソフトウェアの機能が組み合わされて，Webでホームページを読み出したり，メールをやり取りしたり，といった多彩な機能を実現できる．

1.3.2　コンピュータをインターネットにどうつなぐか

コンピュータでインターネットを使うには，まず，このインターネットというネットワークにつながっている必要がある．そのために様々な接続手段が用意されている．図1.4は，このインターネットへの接続の種々の形態を紹介したものである．

良く使われるのは，「**ダイヤルアップ接続**」といって，電話ネットワークなどを使ってインターネットの入口まで電話線をつなぎ，この電話線を使ってデータを送受信することでインターネットとつなぐ形態である．この場合，データをやりとりしたくなった時に電話ネットワークでの接続を実現し，この接続を切れば，

1.3 インターネットを使ってWebやメールを楽しむ

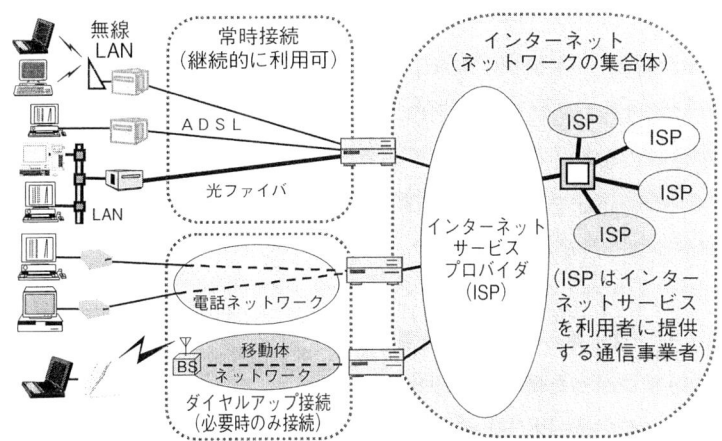

ADSL：Asymmetric Digital Subscriber Line　　LAN：Local Area Network
BS　　：Base Station　　　　　　　　　　　　ISP　：Internet Service Provider

図 1.4 インターネットへの接続形態

コンピュータはインターネットから切り離されることになる．

インターネットを頻繁に使う人にとっては，このダイヤルアップ接続という形態は不便なので，いつでもインターネットとデータのやりとりができる「**常時接続**」という形態が使われる．この常時接続には，これまで電話に使ってきた電話線を用いて，高速のデータ伝送を行えるようにした「ADSL：Asymmetric Digital Subscriber Line」という形態もあれば，極めて多量のデータを高速で転送できる「光ファイバ」を用いた形態もある．この「常時接続」では，何台ものコンピュータがインターネットとの接続線を共用して使えた方が便利でコストも少なくてすむ．これを実現するのが「**LAN**：Local Area Network（**ローカルエリアネットワーク**）」という仕組みで，LAN用の電線を使ったり無線電波を使ったりして，インターネットの接続線と個々のコンピュータの間のデータのやりとりを実現している．「LAN」というと難しく感じるが，コンピュータが目指す相手にデータを送る仕組みの1つである．図1.4には示していないが，企業や大学が自らのネットワークを構築し，これをインターネットに接続する形態もある[1]（脚注10ページ）．この場合，このネットワークにコンピュータを接続すれば，インターネットを使う

ことができる.

いずれの場合も，インターネットでパケットに含まれたデータを，相手のコンピュータに届けるためには，相手のコンピュータを指定するための情報であるアドレスが必要になる．インターネットでは，このアドレスは，インターネットでのパケットの転送法を規定する「IP：Internet Protocol」で決められており，これを**IPアドレス**[††]と呼んでいる．

1.3.3　インターネットでWebを楽しむ
(1) Webをつかった情報の読み出し

それでは，インターネットの代表的な利用法の１つとして，Webを使って，どのようにホームページを読み出しているかみてみよう．

まず，使うコンピュータ上で，Webで情報を見るためのソフトウェアを起動する必要がある．このソフトウェアを**ブラウザ**と呼んでいる．ブラウザの画面が表示されると，読みたいページを指定する欄が設けられているので，ここに，例えば「http://www.teu.ac.jp/」と文字列を打ち込んで，「Enter」キーを押せば，この文字列で指定されたページ（この例では，東京工科大学のホームページ）が表示される．このように，Webでは，読み出したいページを表す文字列（URL：Unified Resource Locator）を送ると，対応するページが表示される，という動作が繰り返される．

ここで，この表示したいページを表す文字列を**URL**：Uniform Resource Locatorとよぶ．郵便の項で，通信の相手を示すアドレスには，人間の扱いやすい文字列からなる住所と，機械の扱いやすい郵便番号の２種があると紹介した．インターネットでは，URLは人間の扱いやすい文字列からなるWebページの**アドレス**とみることができる．他方，相手のコンピュータを示すIPアドレスは，機械の

---

　† インターネットは，このように，ISPのネットワークも含めて，様々なネットワークが相互につながって実現されており，ネットワークのネットワークともいわれる．
　†† IPアドレスの詳しい構成は5章で学ぶが，例えば165.37.214.69といったように，IPアドレスは4組の十進数を「.」でつないだ形で表現される．

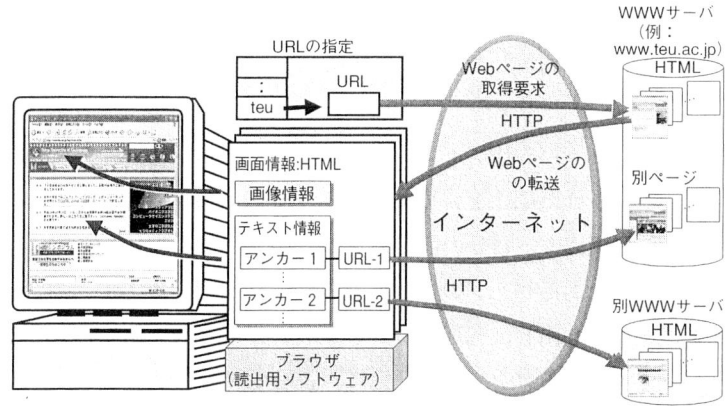

図 1.5　Webページの読み出し方

扱いやすいデータからなるコンピュータの**アドレス**とみることができる．

(2)　**Webでホームページが読み出されるまでのネットワークの仕組み**

このように，ブラウザでURLを指定すると，すぐにめざすWebページが読み出せるが，これを実現するため，インターネット上で様々な仕組みが次々と動いている．その流れを図1.5をもとに確認してみよう．

まず，Webでいろいろなページを読み出すために使う利用者のコンピュータは，1.3.2項で説明したように，インターネットにつながっている必要がある．また，目指すページを提供するコンピュータ（これは「あるサービスを提供するもの」という意味でサーバと呼ばれる）もインターネットに接続されている必要がある．

利用者のコンピュータ上のブラウザで，例えば「http://www.teu.ac.jp/」が表示すべきページを表す文字列として指定されると，ブラウザはこのページを提供しているサーバに要求を出さなければならない．ところが，インターネットでは，目指すサーバのIPアドレスが分かっていないと，インターネットを使って，これに向けた要求をパケットに含まれたデータの形で届けることができない．このため，知らない人に電話をかける時に電話帳で氏名・住所から電話番号を調べるよ

うに，利用者のコンピュータは，**DNS**（Domain Name System）というインターネット上のサービスを利用して，URLの情報から目指す**Webサーバ**のIPアドレスを調べる．

こうして，WebサーバのIPアドレスが分かると，利用者のコンピュータは，そのサーバ宛に指定されたURLを含めて，Webページの取得要求を送る．この時，相手からの返信に備えて，自分のIPアドレスも取得要求に添えて相手に送っておく．Webサーバは，あるページの取得要求を受信すると，そのページを表すデータを記憶装置から取り出し，利用者のコンピュータのIPアドレスを確認して，このIPアドレスで示されるコンピュータ宛に，表示すべき情報のデータを返送する．

サーバから送られてきたデータは，ブラウザで分析され，適切な画面のかたちで利用者に表示される．この画面上に画像があれば，その画像を表示するために必要なデータが要求され，これを蓄積・管理されているサーバから利用者のコンピュータ向けに，写真などのデータが送られ，届けば画面上の適切な位置に表示されることになる．

以上のことをまとめると，

- Webでは，比較的人間の覚えやすいURLという文字情報を用いて，読み出したいWebページを表している．
- そのWebページを提供しているWebサーバに要求を送るためには，そのサーバのIPアドレスが必要なため，DNSという電話番号案内のようなサービスを用いて，URLに対応するIPアドレスを求める．
- このIPアドレスを用いて，URLなどを含むWebページ取得要求をWebサーバに送れば，Webサーバが表示すべき情報を要求したコンピュータにインターネットで送り返してくれるので，所望のWebページが表示されることになる[†]．

[†] Webページの取得要求，Webページの表示内容は，お互いに相手のコンピュータが理解して適切な処理ができるよう，ある規則に従って作られている．この規則をプロトコルという．Webで用いるプロトコルはHTTP（Hyper Text Transfer Protocol）とよばれている．その詳細は5章で学ぶ．

1.3.4 インターネットで電子メールを送る

(1) 電子メールの転送

今度は，もう1つのインターネットの代表的な利用法である，**電子メール**の送り方をみてみよう．

まず，使うコンピュータ上で，電子メールを扱うためのソフトウェア[†]を起動する必要がある．このソフトウェアを**メーラ**等と呼んでいる．

メーラの画面が表示されると，ここから様々な電子メールの操作が可能になる．新しいメールの作成を指定すると，電子メールで書くべき幾つもの項目が，それぞれ対応する欄の形で表示される．ここで，まず宛先を「**メールアドレス**」というアドレス情報で指定する．メールアドレスは，例えば「shokodo@mbf.sphere.ne.jp」といった形式の文字列である．

メールアドレスの他に，メールの本文，題名等を書き込んで，「メール送信」を指示すると，このメールは，インターネットの中で，電子メールに対する郵便局のような役割を果すコンピュータである「**メールサーバ**」の間を転送され，最後に，相手が電子メールをひきだすための受信箱を持っているメールサーバに到達する．その後，相手が，自分のパソコン上でメーラを動かし，このメールサーバにある自分のメールの受信箱に確認にいってこれを読みだすことになる．このようにして，電子メールは相手に届くことになる．

電子メールをやり取りするには，あるメールサーバ上に電子メールの利用権を持っている必要がある．自分のパソコン上にあるメーラは，この電子メールの利用権を使って適当なメールサーバに電子メールを送信したり，自分のメールサーバにある受信箱からメールを読み出したり，といった機能を実現している．

(2) メールが相手に届くまでのネットワークの仕組み

このように，メーラで相手のメールアドレスを設定して，電子メールをイン

[†] コンピュータによっては，その上でのすべての処理の管理を行うOS（オペレーティングシステム）を操作することで，専用のソフトウェアを使わなくても電子メールの読み書きができる場合もある．

1 電話とインターネットはなぜつながるか

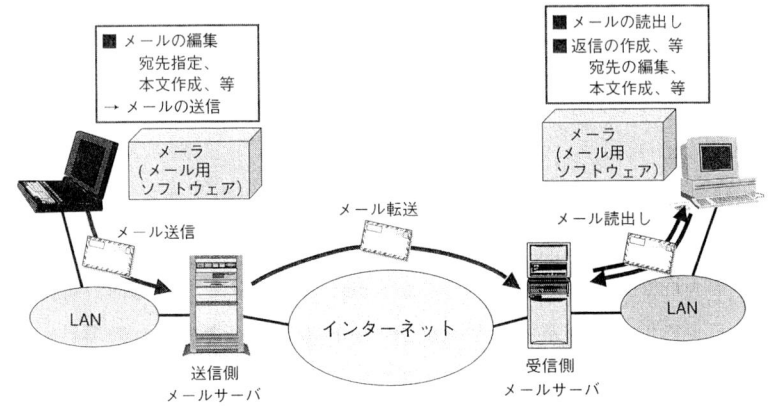

LAN：Local Area Network

図 1.6　インターネットでのメールの転送

ターネットに送信すると，めざす相手の受信箱にこの電子メールが届き，これを相手が読み出せば，メールでの通信が完了したことになる．これを実現するため，インターネット上で様々な仕組みが次々と動いている．その流れを図1.6に基づいて，確認してみよう．

　まず，電子メールを送るために使う利用者のコンピュータ（送信側メールサーバ）は，1.3.2項で説明したように，インターネットにつながっている必要がある．また，目指す相手が電子メールを受け取る受信箱を持っているコンピュータ（受信側メールサーバ）もインターネットに接続されている必要がある．

　利用者のコンピュータ上のメーラで，例えば「shokodo@mbf.sphere.ne.jp」というメールアドレス宛に電子メールを書いたとする．この宛先を示すメールアドレスは，相手が電子メールの受信箱を持っているコンピュータの名前（例：mbf.sphere.ne.jp）と，その前の「@」と，相手のメール受信箱に付けられた名前（例：shokodo）の組合せからなっている．このコンピュータの名前（例：mbf.sphere.ne.jp）は，**ドメイン名**と呼ばれている．

　ここで，メーラに送信を指示すると，このメールは，送信側のメールサーバに送られる．メールサーバは，指示された電子メールを，このメールアドレスに届

くよう相手に向かう経路上の適切なメールサーバに送らないといけない．ところが，インターネットでは，このサーバのIPアドレスが分かっていないと，インターネットを使って，これに向けた要求をパケットに含まれたデータの形で届けることができない．このため，Webの場合と同様に，利用者のコンピュータは，「**DNS**」というインターネット上のサービスを利用して，メールアドレスのドメイン名の情報（"@"の後ろの部分）から次にメールを送るべきメールサーバのIPアドレスを調べることになる．

こうして，最初に送るべきメールサーバのIPアドレスが分かると，利用者のコンピュータは，そのサーバ宛に指定されたメールアドレスを含めて，電子メールを送る．電子メールを受け取ったメールサーバは，メールアドレスを分析して，自分の持っている受信箱宛なら，その受信箱にメールを届ける．自分以外のメールサーバに送る場合は，再びＤＮＳを用いて，適当なメールサーバとそのＩＰアドレスを調べ，メールを転送する．このようにして，送り出された電子メールは，受取人の受信箱に届けられる．

メールを受け取る相手は，受信箱を読みに行くことになるが，受け取ったメールは，個人情報であるため他人に勝手に見られては困る．このため，受取人は，受信側のメールサーバに対して，自分のものとして登録してある名前（**アカウント**と呼ぶ．例では"shokodo"がこれにあたる）と，**パスワード**を示し，これが正しければ受信メールを読み出せるようになる．こういった，受信メールサーバとのやりとりは，受信者のパソコン上のメーラにアカウントとパスワードを登録しておけば，自動的にやってくれることになる．

まとめると，
- 電子メールでは，比較的人間の覚えやすいメールアドレスという文字情報を用いて，送り先のメールの受信箱を表している．
- この受信箱を提供しているメールサーバに向けてメールをデータとして転送するためには，これに向かう経路上の適切なメールサーバのIPアドレスを知る必要がある．このため，DNSという電話番号案内のようなサービスを用いて，メールアドレスに対応するメールサーバのIPアドレスを求める．

● このIPアドレスを用いて，メールアドレスなどを含む電子メールをメールサーバに送れば，メールサーバがメールアドレスを分析して，次々と他のメールサーバに転送する．これを繰り返して，送られたメールは相手が受信箱を持っているメールサーバに到達することになる[†]．

(3) 情報の届け先としての「アドレス」

郵便の項で，通信の相手を示すアドレスには，人間の扱いやすい文字列からなる住所と，機械の扱いやすい郵便番号の2種があることを紹介した．インターネットでは，メールアドレスは，人間の扱いやすい文字列からなる電子メール通信用のアドレスとみることができる．他方，メール転送に使われるメールサーバを示すIPアドレスは，機械の扱いやすいデータからなるコンピュータのアドレスとみることができる．Webの項で紹介したDNSを用いると，メールの送り先でドメイン名から，そこにメールを送るために適切なメールサーバのIPアドレスを知ることができる．

1.4 情報ネットワークとは

この章では，郵便，電話，インターネットを使ったWeb，電子メールと，代表的な情報ネットワークの利用と，それを支える仕組みについて解説した．これらの情報ネットワークの特質を整理すると以下の通りとなる．

1) 情報ネットワークには，多数の利用者がつながっていて，希望の利用者に情報を届けることができる．
2) 情報の届け先を示すのが「アドレス」と呼ばれる情報で，情報ネットワー

[†] 電子メールの転送要求は，お互いに相手のコンピュータが理解して適切な処理ができるよう，ある規則に従って作られている．この規則をプロトコルというが，インターネットで用いられている電子メール用のプロトコルは，SMTP (Simple Mail Transfer Protocol) とよばれている．

ク毎に定められている．郵便なら「住所・氏名」，電話なら「電話番号」，インターネットなら「IPアドレス」がそれぞれの情報ネットワークのアドレスになる．

3) 情報ネットワークで情報を運ぶには，アドレス等の情報を教えるなど，行ないたいことをネットワークに示す必要がある．このために，情報ネットワーク毎に，利用者とネットワークの間でやりとりの規則が決まっている．この規則は，5章で学ぶが，プロトコルと呼んでいる．

4) インターネットは，コンピュータの間の情報を運ぶ情報ネットワークである．コンピュータ上のソフトウェアと，インターネットの情報転送機能を組み合わせると，遠くのコンピュータであってもその中の情報を簡単に読み出せるWebとか，遠くのコンピュータにある受信箱に情報を届ける電子メールとか，様々なネットワークの活用が可能になる．

5) このようなインターネットの活用では，人間が使いやすくするため，文字列からなるURLやメールアドレスを使って，取り出したい情報，送り込みたいメールの受信箱を表している．

【演 習 問 題】

[1.1] 情報ネットワークは，どのようなシステムだといえばよいか．

[1.2] 「郵便ネットワーク」，「電話ネットワーク」，「インターネット」で，運ぶべき情報の分配機能を果たしているものは，それぞれのネットワークで何と呼ばれているか．

[1.3] 情報の届け先を示す情報を何と呼ぶか．また，このような情報の実例を挙げよ．

[1.4] 電話ネットワークにおいて，通信相手を指定する電話番号では，これを人間が利用しやすくするため，どのような工夫がなされているか．

[1.5] ネットワークで，運びたい情報が送り出される点や受けとられる点と，分配を行う点を結ぶネットワークを何と呼んでいるか．

[1.6] パケットとは，どのようなものか説明せよ．

[1.7] インターネットでは，人間が扱いやすい文字列からなる宛先をコンピュータが扱いやすいIPアドレスに変換して情報を送っている．この変換の仕組みを説明せよ．

音声とパソコンの信号
－アナログとディジタル－

　私たちは，情報というものを意識して見たり，聞いたり，考えたりすることは少ない．それは無意識のうちに電話をしたり，インターネットを利用しているからである．しかし，情報の中味は，電話のように音声であったり，コンピュータでメールを送る場合のように，文字列であったりする．情報ネットワークによるこのような様々な情報の運び方は，情報を"1"と"0"の組合せで表現するディジタル形式で運ぶことが主流となっている．本章では，情報の性質や情報のディジタル化について学ぶことにする．

2.1 アナログ信号とディジタル信号

　私たちが電話で話す音声やテレビで見る映像は，**アナログ信号**である．これらのアナログ信号は，時間とともに様々な値をとる波形として表わされるが，ネットワークで運ぶことを考えると「様々な周波数の波の組合せ」で表わすことが重要となる．

　ディジタル信号はコンピュータで扱うものが典型的である．数字の"1"と"0"の組合せで文字や数字を表わし，情報を伝達する．コンピュータで扱うものというと新しいものに思うかもしれない．しかし，電気通信の歴史の中ではじめて使用された形式はディジタル形式であり，それはモールスによって1837年に発明された電信である[†]（脚注20ページ）．これはメッセージ情報を**モールス符号**に変換して送信するものであり，アナログ信号を扱う電話よりも約40年前から使用され

ていた.

アナログ信号を扱うことが主流であるのか,それともディジタル信号を扱うことが主流であるのかを見てみると,現在では圧倒的にディジタル信号で扱うことが多くなっている.それは,近年,LSI(Large Scale Integrated-circuit)技術や光通信技術が進歩し,アナログ信号をディジタル信号に変換して伝達したり,処理したほうが利点を発揮しやすくなったからである.その結果,通信で扱う情報信号,コンピュータで扱う情報信号,さらにはテレビなどの放送で扱う情報信号もすべてディジタル形式となり,ディジタル時代ともいわれている.

2.2 ヘルツ,デシベル,およびビット

アナログ信号,ディジタル信号を扱う場合によく使用される単位に,ヘルツ(Hz),デシベル(dB),およびビット(bit)がある.これらについて説明する.

(1) ヘルツ(Hz)

すでに述べたようにアナログ信号は,周波数で情報の性質を表わすのが一般的である.周波数は,図2.1に示すように1秒間に何回,マイナスからプラスへの周期を繰り返すかを表わしており,1回だけくり返す場合を1Hz(ヘルツ)という.例えば,音叉の音は1つの周波数の波からできているし,バイオリンの音は様々な周波数の波が加わって複雑な音色になっている.

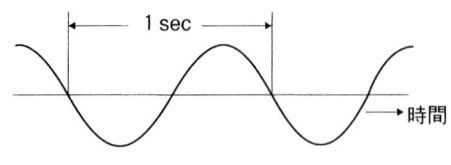

図 2.1 周波数の定義

---

† モールス符号は,1832年アメリカの画家,サミュエル.F.B.モールスによって考案され,1837年にその電信機械が発明されたことによって,世界中で使われるようになった.日本にはペリーによって,1854年にもたらされ,明治時代に欧文符号にならって,和文符号が考案された.

電話の場合には，300Hzから3.4kHz（キロヘルツ，1kHzは10^3Hz）の範囲の電気信号（周波数帯域は3400 − 300 = 3100Hz）を運ぶこととして通信機器やネットワークが設計されている．音声の場合には，どのような周波数の波であるかということと同時に，その波の振れ幅が重要であり，これらが忠実に送られれば全く同じ音として聞くことができる．また，AM（Amplitude Modulation）ラジオ放送の最高周波数は7 kHzである．

私たちの身の回りで特に高い周波数を有する情報はテレビである．テレビ信号の最高周波数は4.2MHz（メガヘルツ，1MHzは10^6Hz）であり，電話信号の約1000倍の周波数帯域を有することになる．すなわち，映像情報は音声情報よりも広い周波数帯域を持ち，最高周波数も高いことになる．画像信号では画面の明暗・色調がアナログの波形として送られるため，その波形そのものを正確に伝える必要がある．

(2) デシベル（dB）

電気信号がケーブルで伝送されると，どのくらい減衰するか，あるいは電気信号を増幅器に通すと，どのくらい増幅されるか，といったことが，通信機器を設計したり，利用するときの重要な指標となる．また，光ファイバケーブルを使用して光信号を伝送するときにも，光電力がどのくらい減衰するのか，といったことが伝送できる距離を決める重要なファクターとなる．

このように電気信号や光信号が，どのくらい減衰したか，あるいはどのくらい増幅したかを定量的に表わす単位としてdBが使用される．アナログ電気信号の場合には，連続した周波数に対して減衰量や増幅度がdB表示される．また，光信号の場合には，波長に対してdB表示される．

まず，ケーブルの場合を例に考えてみよう．図2.2のようにケーブルへの入力信号の電力をP_1〔W, ワット〕，出力の電力をP_2〔W〕とすると，両者の電力比はP_2/P_1となる．これがケーブルの減衰量である．このP_2/P_1の対数をとり，10倍したもの，すなわち，

$$10\log(P_2/P_1) \tag{2.1}$$

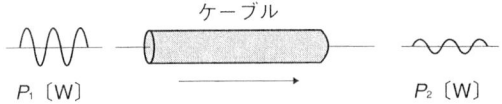

図 2.2 ケーブルで伝送する場合

がdBで表わした減衰量，すなわち損失となる．また，図2.3に示すように，増幅器で増幅する場合も同様に表わされ，この場合には増幅度，すなわち利得となる．2つの相違点は，減衰量ではデシベルの値がマイナスになるのに対し，増幅度ではプラスになることである．

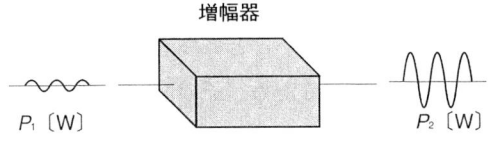

図 2.3 増幅器で増幅する場合

例えば，$P_1 = 10$W，$P_2 = 1$Wとすると

$$10\log(1/10) = 10(\log 1 - \log 10) = 10(0-1) = -10 \tag{2.2}$$

すなわち，-10dBとなる．マイナスは減衰量を表わすため，「減衰量は10dBである」というように表現される．また，$P_1 = 1$W，$P_2 = 10$Wとすると

$$10\log(10/1) = 10(\log 10 - \log 1) = 10(1-0) = 10 \tag{2.3}$$

すなわち，10dBとなり，「増幅度は10dBである」というように表現される．

電力の代わりに電圧（V：ボルト）を使う場合には，信号電圧の比をとって対数を求め，それを20倍した値がdBとなる．20倍となる理由は，電力が電圧の2乗に比例することによる．20dBは，電力では100倍を意味するが，電圧では10倍を意味する．このように同じdB値でも電力を扱っているのか，電圧を扱っているのかによって意味が違うため注意が必要である．

なお，電圧の代わりに電流を扱う場合も，電圧の扱いと全く同じである．

(3) ビット (bit)

ディジタル方式では，ビットという単位で情報信号の性質や技術の性能を表現

2.2 ヘルツ，デシベル，およびビット

する．ビットは「2者択一でどちらか一方が決まったとき」に得られる情報を1ビット（bit）と定義している．サッカーの試合では，ゲームを始める前に，主審がコインを投げて最初にボールを蹴るチームを決めているが，それまでは選手を含めてボールを最初に蹴るのは，どちらのチームになるのかは全くわかっていない．しかし，どちらかのチームが，最初にボールを蹴ることが明らかになると，選手や観衆は，1bitの情報を得たことになる．

一般に2^n個の中から1個のものを選びだすのに必要な情報量は，n〔bit〕である．これはn〔bit〕あれば，2^n種類のなかから任意の1つを選ぶことができることを意味している．いま，状態の数（選ぶことができる数）がN個あれば，その1つを送ることで得られる情報量は$\log_2 N$〔bit〕となる．

サイコロを振る場合のように等確率でおこる現象がある．いま，1つのことが起きる確率をpとして，ある1つの現象が起ったことを知ったときに得られる情報量を考えてみる．このときの情報量は，$-\log_2 p$〔bit〕である．サイコロの場合，1～6までの6つの面があり，1つの面がでる確率は$1/6$と考えることができる．したがって，サイコロを振って1の面が出たことを知ったときに得られる情報量は，$-\log_2(1/6) = \log_2 6 = 2.585$bitとなる．このことからもわかるように，情報量$\log_2 N$は整数である必要はない．

ビットのほかに1秒間に何ビットの情報を送るかといったことも情報ネットワークの分野では重要である．これを**伝送速度**というが，この場合にはb/s, bit/sやbps（bit per second）という単位で表記される（本書ではbit/sで表記している）．一般に1秒間に送るビット数を多くするためには，その情報を送るために必要な周波数帯域も大きくする必要があるため，bit/sで表わされる量を「帯域」と呼ぶこともある．電話音声をディジタル信号として扱うときの標準的な速度は64kbit/sである．すなわち，電話信号は，1秒間に64000個の"1"と"0"の組合せとしてディジタル信号に変換され，ディジタル電話ネットワークを介して重要な情報をやりとりしたり，おしゃべりをしたりすることを可能としている．

2.3 変復調技術

音声や映像といった情報は，電圧の強弱や電流の大小といった電気信号に変換されて，ケーブルや空間といった伝送媒体を使って相手先に伝達される．このとき重要となるのが**変復調技術**である．これは情報を送るため，伝送媒体を有効に活用する技術といってよい．

情報を電気信号の形に変換した情報信号の種別には，アナログとディジタルがあり，それらの情報信号を伝送する方法にもアナログ方式とディジタル方式がある．その様子を図2.4に示す．アナログ方式を用いて情報信号を伝達するときには，アナログ信号はそのままの形で送られ，ディジタル信号は，信号処理が施され，アナログ信号と等価な形に変換してから伝送される．この例としては，電話回線を使用してインターネット接続をしたり，ファクシミリ電送をすることがあげられる．一方，ディジタル方式を用いて情報信号を伝送する場合には，ディジタル信号はそのままの形で送られ，アナログ信号は，符号化という処理が施され，ディジタル信号に変換してから伝送される．そして受信側で復号という信号処理によってアナログ信号に復元される．この例としては，現在広く利用されているディジタル携帯電話やPHS（Personal Handy-phone System），ISDN（Integrated Services Digital Network）による電話などがある．

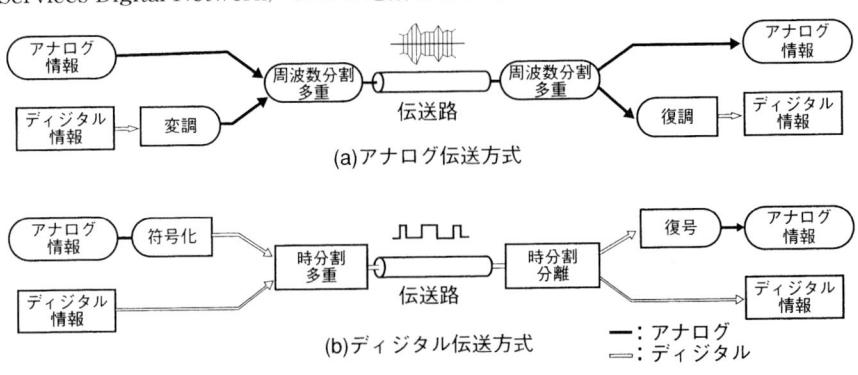

図 2.4　アナログ伝送方式とディジタル伝送方式

2.3 変復調技術

伝送媒体としては銅線，光ファイバ，空間が利用されるが，いずれの場合も大勢の人で利用できれば経済的に有利となる．そこで実際の通信システムでは，複数の利用者で伝送媒体を共用するために，それぞれの利用者の情報を後で分離できるように工夫した上で混ぜ合わせ，同じ伝送媒体に送り込むことを行っている．混ぜ合わせる信号処理を多重化といい，その逆の元に戻す信号処理を多重分離という．

(1) アナログ変調

送りたい情報信号を，**搬送波**（キャリア）と呼ばれる高い周波数の信号（高周波）にのせて送ることを変調という．これは，人が電車を使って移動することに例えると，電車が搬送波であり，人間が情報信号に相当する．変調は，もともと無線通信では，高周波の信号しか送れなかったため，当初から使用された．有線通信でも同じ伝送媒体に多くの情報を多重化するための技術として用いられるようになった．情報通信以外にもこの技術は使用されており，私たちが身近で利用しているものとしてラジオ放送，FM（Frequency Modulation）放送，テレビ放送などがある．

搬送波を$c(t)$とすると，$c(t)$は次式で表わされる．

$$c(t) = A\cos(2\pi f_c t + \phi) \tag{2.1}$$

ここでAは搬送波の振幅，f_cは搬送波の周波数，ϕは搬送波の位相，πは円周率である．アナログ変調とは，送ろうとする情報信号でA, f_c, ϕを変化させるものであり，Aを変化させる方法を**振幅変調**，f_cを変化させる方法を**周波数変調**，ϕを変化させる方法を**位相変調**という．AM変調波の例を図2.5に示す．

振幅変調技術は，古くはアナログ電話方式で多用され，今でもAMラジオ放送に適用されている．また，周波数変調と位相変調は，AM変調と比較して変調後の信号の周波数帯域が広くなるが，伝送路の雑音に強いという特徴を有する．そのためFM放送のように高い品質が求められる場合に適用される．

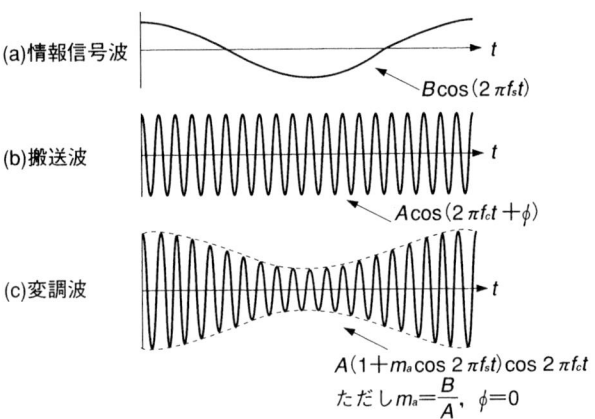

図 2.5　AM変調波の例

(2) **パルス変調**

ディジタル変調の前段としてパルス変調がある．**パルス変調の原理は標本化定理**にある．これはアナログの情報信号を伝送しようとするとき，図2.6に示すように情報信号をそのまま忠実に伝送するのではなく，ある一定間隔 T 以下の離散的な情報値を送ればよいというものである．

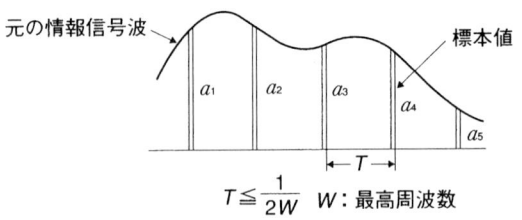

図 2.6　アナログ情報信号と標本値

いま，送りたい情報信号の最高周波数をWとすると T は

$$T \leq 1/2W \tag{2.2}$$

で与えられる．このTを標本化時間といい，T毎の情報の値を**標本値**という．送信側から標本値だけを伝送し，受信側で最高周波数 W 以上の成分は完全に遮断し，W 以下の成分はそのまま通過させる**低域通過フィルタ**と呼ばれる電気回路を通すと，その出力に元の連続したアナログ信号を得ることができる．

2.3 変復調技術

標本化という概念は難しいかもしれない．そこで私たちが日常，体験する1日の気温の変化と対比させて考えてみよう．1日の温度変化をみようとする場合，その変化が緩やかな日には朝，昼，夜など，何点かの温度を測定すれば，その日の気温変化を表現することができる．しかし，夕立ちがきて，温度が急激に変化するとなると，短い時間間隔で測定しないと正しい気温の変化を表現することはできない．変化が急激であることは，最高周波数が高いことを意味し，短い時間間隔で温度を測定しなければならないことになる．また，低域通過フィルタは，測定した温度点の間をなめらかな曲線でつないで連続した気温の変化として表わす役割を果たしている．

標本値をどのような形で伝送するかによって，図2.7に示すような**パルス変調方式**と呼ばれるいくつかの方法が考えられる．パルス振幅変調は，標本値を送信パルスの高さで表わすものであり，標本値そのものである．パルス幅変調は，標本値の大きさを一定の高さのパルスの幅で表わすものである．パルス位置変調は一定の高さ，一定の幅のパルスを使用し，その立ち上がり位置を標本値によって変化させるものである．また，パルス周波数変調は，標本値によってパルスの繰り返し周波数を変化させるものである．

これらパルス変調方式は，標本値という離散的な情報を扱っているが，情報信

(a) パルス振幅変調
(b) パルス幅変調
(c) パルス位置変調
(d) パルス周波数変調

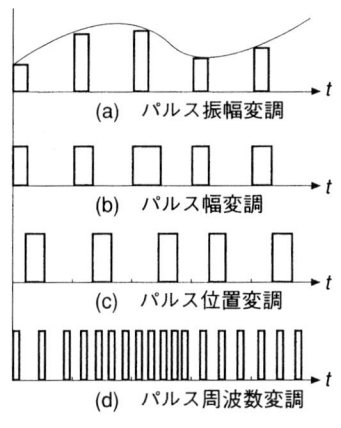

図 2.7　パルス変調方式

号そのものはパルスの振幅，幅，時間位置といったアナログの情報量を扱っている．その意味ではアナログ信号を扱っているわけであり，アナログ変調といってもよい．パルスは，一般に広い周波数帯域を有しており，パルス変調方式で情報を伝送しようとすると，雑音の影響を受けやすいという欠点がある．そのため，パルス変調方式は特別な場合を除いて使用されることはない．

(3) ディジタル変調方式

ディジタル変調方式は，古くは**PCM** (Pulse Code Modulation：パルス符号変調)方式と呼ばれていた．ディジタル技術の普及とともに，いつしかPCMという名称は使われなくなり，いまではディジタル変調方式を一般的な名称として使用するようになっている．この他，現在では送りたい情報信号がディジタルのとき，これを搬送波にのせて送る方式もあり，ディジタル変調と呼ばれる．

ディジタル変調方式は，パルス変調で述べた標本値を2進数，すなわち数字の"1"と"0"で表わすことによって，通信に使用できるように処理するものである．このときアナログ情報である標本値（標本化したときの元の波形の振幅）を有限ないくつかの離散的な値に限定する必要があり，この処理を**量子化**という．図2.8に量子化の原理を示す．この場合には，四捨五入によってアナログ値を有限な値に限定している．例えば標本値が0～0.5未満は標本化出力0（量子化出力0），0.5以上～1.5未満は標本化出力1（量子化出力1），1.5以上～2.5未満は標本化出力2（量子化出力2）に対応させる．送信するアナログ情報信号の上限値と下限値は，最初に決めておくが，この間の区間をいくつの有限な値で量子化するかによってこの処理の仕方は変わってくる．

標本値を有限な値に処理する際に「まるめ誤差[1]」を生じる．この誤差を**量子化雑音**という．実際の通信に適用する場合には，量子化雑音が通話品質上，問題とならないように量子化ステップ幅を小さく選んでいる．また，量子化ステップの幅が一定であると，小さな振幅の標本値に対する信号対量子化雑音比は，大きな振幅の標本値に対するものよりも悪い値となる．図2.8の場合で考えると，1.4は1に，2.4は2に量子化される．いずれの場合も誤差は0.4であるため，標本値に対

2.3 変復調技術

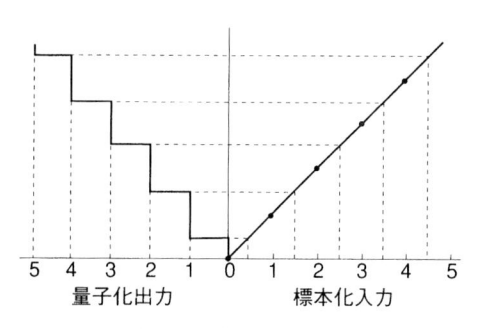

図 2.8 量子化の原理

する誤差の比は，それぞれ0.4／1.4，0.4／2.4となる．すなわち，標本値が小さいほど量子化誤差の影響を受けやすくなる．そこで標本値に対して圧縮という処理を施し，量子化雑音の影響を減らすことが行われている．これは図2.9に示すように，量子化する前に小さな標本値を，より大きな値に引き伸ばしてから量子化し，元の値に戻すときには逆の処理を施すものである．これによって量子化雑音の標本値に対する影響を，全体的に軽減することができる．

　量子化された標本値は，符号化という技術によってディジタル情報に変換される．実際には量子化出力に対応して2進数を割り当てる．3bit符号化の例を表2.1に示す．3bitあると2^3，すなわち8通りの状態を表わすことができる．この状態を量子化ステップに対応させることによって，ディジタル情報を得ることができる．

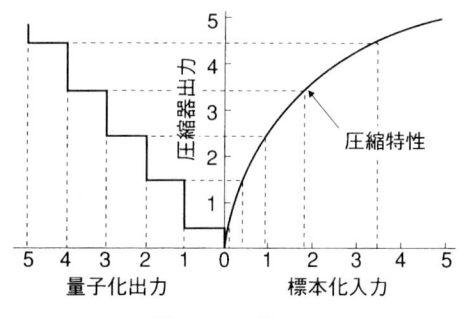

図 2.9 圧縮の例

表 2.1　3 bit符号化の例

量子化レベル	符号
1	001
2	010
3	011
4	100
5	101
6	110
7	111

(4) **電話音声のディジタル化**

電話音声の符号化・復号の流れを図2.10に示す．ネットワーク内を送られる電話音声の周波数帯域は，0.3〜3.4kHzに制限されているが，余裕をとって最高周波数を4kHzとして標本化時間が選ばれている．したがって，標本化時間は，式(2.2)により125μs（マイクロ秒）となる．標本化周波数，すなわち標本化時間の逆数は8kHzとなる．標本値の2進数への変換は，量子化雑音を考慮して圧縮の処理を受けて量子化され，符号器で8bitに符号化される．その結果，1秒間に伝送されるディジタル情報は，125μsのなかに8個の"1"または"0"が含まれることになり，64kbit/s（8 bit× 8 kHz）となる．これが電話1回線あたりの符号化速度，すなわち伝送速度になる．ここに述べた125μsという値は，各利用者の音声情報が再び現れる周期となっている．また，64kbit/sという値は，音声情報の各ビットを扱う速さに対応し，この速さが受け取ったディジタル情報を取り出す時間の刻みに対応する．いずれの値もディジタル時代にあって情報ネットワークを構成する上で重要な時間の区切りとなっている．

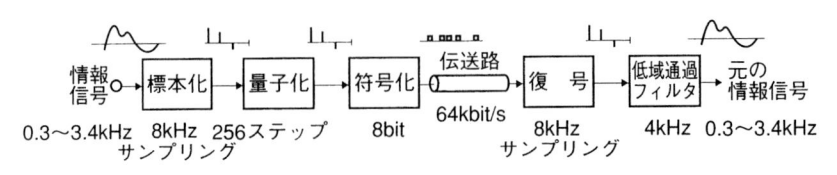

図 2.10　電話音声の符号化・復号

8bitのディジタル情報は，伝送媒体を介して受信側に伝達され，アナログ情報に復元されるが，その処理の流れは，符号化と逆である．すなわち，復号器で量子化された標本値を得，さらに送信側と逆特性を有する伸長の処理を受けて元の標本値となる．この標本値は，低域通過フィルタを通ってアナログ情報信号として復元される．

以上，電話音声のディジタル化の例をみてきたが，他のアナログ情報の場合も同様に考えることができる．例えば音楽CDでは，余裕を持って最高周波数を20kHzとし，標本化周波数を44.1kHz，16bitの符号化を用いている．

(5) 情報の圧縮技術

コンピュータ技術の進歩やLSI技術の進歩によって，アナログ情報をディジタル化するのに必要な符号化速度を下げる（圧縮する）ことが可能となった．符号化速度が圧縮されると，ネットワークの利用効率を高めることが可能となる．また，情報を記録する場合には，メモリ量を減らすことができ，好都合である．

情報の圧縮は，符号化にあたってアナログ情報に含まれる冗長性を除去することによって実現しており，**帯域圧縮符号化**ともいう．電話音声では，64kbit/sが標準的な符号化速度であることをすでに述べた．しかし，PHS (Personal Handy-Phone System)では，32kbit/sに符号化する**ADPCM**(Adaptive Differential PCM)が使用されており，携帯電話では5.6kbit/sに符号化する**CS-ACELP**(Conjugate Structure and Algebraic Code-Excited Linear Prediction)が使用されている．標準的な符号化と比較して，多少の品質劣化は避け難いが，利用上では問題ないことが確認されている．

また，カラー静止画では，**JPEG**(Joint Picture Experts Group)が使用されている．これは人間の目が細かい情報に対して感度が悪いことを利用して圧縮している．さらに，映像では**MPEG**(Moving Picture Coding Experts Group) 1, 2, 4やMPEG 7が使用されている．MPEG 2は，動画の圧縮符号化・復号を行うものであり，過去の映像からつぎの映像と色彩を予測し，被写体が動いて変化した部分の情報だけを送信すればよいようにしている．これはDVD (Digital Video

Disc）やテレビ会議システムなどに適用されている．また，MPEG 7 は，携帯電話での動画像の送受信に用いられるものである．

2.4 文字コード

コンピュータで扱う情報は，ディジタルである．すなわち，コンピュータの内部処理は 2 進数で行われており，ディジタル情報との整合性が高い．

私たちがコンピュータで扱うディジタル情報を理解できるのは，ASCII（American Standard Code for Information Interchange）やISO（International Organization for Standard），JISC（Japan Industrial Standard Committee），などで規定した文字コードのおかげである．文字コードは，アルファベット，数字，記号などを何ビットかの"1"と"0"のパターンに対応付けたものである．インターネットで世界中の人達と情報の交換を行うとすると，国際標準に準拠した文字コードを使用することが重要である．いくつかの例をみてみよう．

(1) **ASCII**

アメリカの規格団体であるANSI（American National Standards Institute）によって定められた文字コードである．7bitで128種類の文字に対応付ける符号であり，アルファベット（大文字，小文字），数字，！のような特殊文字，スペース（SP）などの制御文字が含まれる．その例を表2.2に示す．また，8bitの拡張版

表 2.2　ASCIIコードの例

文　字	ASCIIコード	文　字	ASCIIコード
A	1000001	1	0110001
a	1100001	2	0110011
m	1101101	3	0110011
I	1001001	！	0100001
S	1010011	？	0111111
O	1001111	SI	0001111
J	1001010	SO	0001110

ASCIIコードも制定されている．このようにASCIIコードは7 bit，128文字，または8 bit，256文字までしか対応しておらず，パーソナルコンピュータなどでさらに機能が必要な場合には，独自のコードを付け足して使用している．

(2) ISO-646

ISO-646は，ASCIIをもとに成立した世界で最初の国際標準文字コードである．1967年に誕生したが，当初は6 bitと7 bitのコードを規定していた．しかし，現在では7 bitのもののみを規定している．アルファベット（大文字，小文字），数字，特殊文字のコードは，ASCIIと同一であり，94文字を対応付けている．制御文字である34文字も1973年までは含めていたが，現状，これらについてはISOの別の規格として定めている．

(3) JIS X 0201

JIS X 0201は，1969年に制定された日本版のISO-646である．日本語固有の文字であるカタカナを追加するために7 bit版と8 bit版が作成されている．7bit版のJIS X 0201は，ASCIIと特殊文字の2文字だけが違っているだけであり，ほぼ一致していると考えて差し支えない．カタカナの文字コードの例を表2.3に示す．

アルファベットからカタカナへの変換にはSO，カタカナからアルファベットへの変換にはSIという特別な制御文字を挿入して行う．例えば「ISOトJIS」という文章は以下の通りである．なお，表2.2および表2.3のコードとの対応をわかりやすくするためにコードパターンは右から左，すなわち「SIJトOSI」に並べてい

表 2.3　カタカナコードの例

文 字	JISコード	文 字	JISコード
ア	0110001	ト	1000100
イ	0110010	ハ	1001010
ウ	0110011	ン	1011101
エ	0110100	SI	0001111
オ	0110101	SO	0001110

る．

1010011	1001001	1001010	0001111	1000100	0001110	100111	1010011	1001001
S	I	J	SI(制御)	ト	SO(制御)	O	S	I

上段のように"1"と"0"の連続的なビット配列を見て，即時的に何が書かれているのかを判断することは難しい．しかし，コンピュータの出力には，下段のように私たちが馴染んでいる文字情報を出力してくれるため，不自由なくコンピュータを利用することができる．また，コンピュータに情報を入力する場合も同様であり，文字で情報を入力すれば，自動的に"1"と"0"のコードに変換され，様々な処理をしてくれることになる．

これに対して8bit版のJIS X 0201は，ISO 646の8bit拡張版というべき形をしている．コード数は256に増大し，そのうちの128のコードは7bit版ASCIIコード（制御文字である2文字はJIS特別規定）に対応させ，63のコードをカタカナに対応させている．残りの65コードは未定義となっている．8bitに拡張することにより，7bitコードのときに行っていたような制御文字を使った文字の種類変換（アルファベットからカタカナ，カタカナからアルファベット）が不要となっている．

(4) バイト

文字コードは，7bitから8bitに拡張され，状態数を128から256に増やすことが可能となった．これによってコンピュータを使用する処理が簡略化され，便利な使用が可能となっている．

一般に8bitのビット列でまとめられた情報の単位を**バイト**（byte）と呼んでいる．電話音声の標準的な符号化ビット数は8bitであり，1byteで符号処理を行っていると考えることができる．また，8bitの拡張版文字コードの1文字は，1byteに相当する情報を有すると考えることができる．漢字は1byteでは表現しきれず，2byteを必要とする．すなわち，2byteあれば65536通りの状態を表現することができ，多種類の漢字も利用できるようになる．

また，メモリの記憶容量は何ギガバイトというように表記される．1byteが8bitで構成されるため，ビット容量としてはbyte容量を8倍して考える必要がある．

2.5 アナログとディジタルとは

　私たちが目や耳から得る情報の多くはアナログである．しかし，ネットワークを介してこれらの情報を送受信する場合には，ディジタル形式で行われていることが多い．それはLSI技術や光通信技術の進歩により，ディジタル形式で扱ったほうがコスト的に安かったり，多彩な利用が可能であったりすることによる．また，インターネットの普及やコンピュータの高機能化と低廉化によってディジタル情報の重要性が増している．いまやコンピュータを使いこなすことが，情報リテラシーとして読み，書き，そろばんと同様に位置付けられる時代となっている．まさにディジタル時代である．

　私たちは，日頃，アナログ情報とか，ディジタル情報というように情報の形式を区別して見たり，考えたりすることは少ない．しかし，情報に関わる技術の進歩が，私たちの社会構造や生活様式を変え，長く続いた価値観までも変えようとしている．コンピュータやネットワーク，さらにはそれらの利用を考える人達は，常に情報にかかわる様々な事項について考えていることが重要である．

　本章では情報の基本的事項について学んだが，それらをまとめると次の通りである．

1）情報にはアナログとディジタルがある．アナログの代表的なものとして音声や映像があり，ディジタルの代表的なものとしてコンピュータで扱う文字情報がある．
2）情報を扱う上で重要な単位としてHz（ヘルツ），dB（デシベル），およびbit（ビット）がある．
3）伝送媒体を有効に活用し，情報を伝達するための技術が変調である．大別するとアナログ変調，ディジタル変調，パルス変調の3種類がある．情報通信の世界では，ディジタル変調が主流となっている．
4）アナログ情報をディジタル形式で扱うことを可能としているのは，標本化定

理のおかげである．標本化定理は，アナログ情報の最大周波数をWとすると，$1/(2W)$以下の時間の標本値だけを伝送することで，元のアナログ情報を復元できるというものである．情報通信ネットワークでは，電話音声の標本時間である125μs，符号化速度である64kbit/sが重要な時間の区切りとなっている．

5) 電話音声は，標準的には64kbit/sで符号化されるが，帯域圧縮符号化技術によって32kbit/sや11.2kbit/s，5.6kbit/sに符号化することが可能となっている．帯域圧縮されたディジタル音声情報は，携帯電話やPHSで使用されている．

6) 文字コードはASCII，ISO，JISなどで標準化されている．アルファベットや数字，記号などを含む欧米系の文書に必要な文字コードは7bit，または8bitで規定されている．

【演習問題】

[2.1] 標本化定理について説明せよ．

[2.2] パルス変調方式とディジタル変調方式の違いについて説明せよ．

[2.3] アナログ情報を圧縮符号化することの意義について説明せよ．

[2.4] ディジタル変調方式における量子化雑音を減らす方法について説明せよ．

[2.5] ラジオ放送の最大周波数を8kHzとし，8bitで符号化するものとすると，符号化速度は何kbit/sとなるか．

[2.6] 3bitあると何種類の状態を表現することができるか．可能なすべての状態を表記しなさい．

[2.7] メモリに記憶された768kbyteの情報を64kbit/sの速度で読み出すと，すべてを読み出すまでに何秒かかるか．

[2.8] 英語で書かれた文書があり，1ページの単語数は200であった．平均して1単語当り5文字であり，1文字は1byteであるとすると，これを記憶させるには何ビットのメモリが必要であるか．

電話がつながる
－電話の仕組み－

1章では,「情報ネットワーク」がどんなものであるかを理解してもらうための実例の1つとして,電話がつながるまでについて,その概略を学んだ.3章では,この電話ネットワークの詳しい働きと,これを支える技術について学ぶ.

3.1 電話で話が伝わるのは

自分の声が相手に伝わるのは,声が空気の振動として相手の耳まで伝わり,この振動を耳が聞き取るからである.電話の場合,この空気の振動を電気信号に変え,遠方に伝えるのが**電話機**の働きとなる.1章で学んだように,電話ネットワークの中には**交換機**とよばれる装置があり,電話をかけると,この交換機の働きで,発側の電話機から着側の電話機まで,電気信号を伝える電話線がつなぎ合わされる.私たちが電話機に向かって話すと,この空気の振動は発側の電流の強弱に変えられ,電話ネットワーク内のつなぎ合わされた電話線を伝わって相手の電話機に到達し,そこで再び空気の振動に戻されることで,離れた場所の間の通話が実現される.

この音声信号の運び方も,技術の進歩によって以下のように,大きく変わってきた.

(1) 当初の電話ネットワークでは,発側の電話機から発生した電気信号が,そのまま電話線を伝わって相手の電話機に届いていたので,ネットワークの中

で，この電気振動の減衰をなるべく小さくするための様々な工夫がなされていた．

(2) その後，電子技術が発達し，ネットワークの途中で振幅の小さくなった電気信号を，大きな信号に増幅することが可能になり，通話距離の制約も解消され，音質も向上した．また，1本の通信回線を用いて，多数の通話の信号を同時に送る**多重伝送方式**も実現された．

(3) さらに，ディジタル技術，集積回路技術などが発展し，音声をネットワークの入り口で，0/1bitの組合せで表現される**ディジタル符号**に変換して，ディジタル情報のまま転送する**ディジタル電話ネットワーク**が構築されるに至っている．このディジタル電話ネットワークの中では，極めて多量の情報を運べる光ファイバが使われるようになった．

3.2 電話機でダイヤルをすると何が起こるか

電話ネットワークは，1章で学んだように，**電話番号**で示される相手に電話をつなげる働きをする情報ネットワークである．それぞれの電話機は，これが専用する1対の電話線で交換機につながっており，この電話線毎に別々の電話番号が与えられている．なお，この電話機を交換機とつなげる電話線を**加入者線**とよんでいる．

電話ネットワークで，つなぎたい相手をネットワークに教えるのが，**ダイヤル操作である**[†]．電話機でのダイヤル操作で発生された制御信号は，加入者線を伝

[†] 当初は，このダイヤル情報を，回転ダイヤルを回すことで発生する数字の数だけの電流の断続（パルス）で送っていた（ただし，"0"は10個のパルスで表している）．そして，前の数字を表すパルス列と次の数字を表すパルス列の間には，一定時間以上の間隔をおくようにして，電話番号分の複数桁の数字を送っていた．これを**ダイヤルパルス（DP）信号**と呼ぶ．その後，2つの違った音の組合せでそれぞれの数字を表す**プッシュボタン（PB）信号**が開発され，より簡単な操作で電話番号を送ることが可能になった．それぞれの信号で，ダイヤル情報を受け取る仕組みは違うので，交換機は通話要求をしてきた加入者線毎に，ダイヤル受信機能の使い分けをしている．

わって電話ネットワーク内の交換機に達し，そこで宛先の電話番号として読み取られる．この情報に基づき，電話ネットワークは，その番号に対応する着側の加入者線に呼び出し用の信号を送り，これにつながっている電話機のベルが鳴り出すことになる．他方，電話をかけた人の電話番号は，交換機につながっているどの加入者線から通信要求が到着したかがわかるため，このダイヤル信号のきた加入者線に対応する電話番号を調べることで，発信者の電話番号が判定される．

3.3 電話をつなぐ相手を見つける仕組み

わが国の電話網には約6000万の電話機が接続されている．この膨大なネットワークの中で効率的に接続相手を見つける必要がある．このため，**帯域制**という仕組みが取り入れられ，これに対応する形で電話番号も組み立てられている．

帯域制では，日本全国を複数の地域に分けて扱う．地名が，"都道府県"，"市"，"町" "丁目・番地" に分かれるように，まず大きい地域に分け，各地域の中をさらに小さい地域に分け，特定の地域は最初の何桁かが同じ電話番号数字で始まるようにしている．

1章で，電話番号は，一般に "0＋市外局番＋市内局番＋加入者番号" の形になっていることを学んだ．この**市外局番**が大きい地域に対応し，**市内局番**がその中の小さい地域（ここに交換機が置かれている）に対応する．また，**加入者番号**は，市外局番・市内局番の組合せで示される小さい区域内の交換機内に接続された個々の電話を示す番号になっている[†]．

電話番号は，このような構造をしているため，着側の電話番号内の市外局番で，どの地域向けの通話要求かがわかり，市内局番でどの交換機向けであるかがわかり，加入者番号で，その交換機内のどの利用者向けであるかが分かることになる．

[†] 例えば，042-637-2111という電話番号では，市外局番：42は八王子市を示し，市内局番：637は，東京工科大学のある片倉町の交換機を示し，加入者番号：2111がその交換機内の特定の電話利用者（東京工科大学）を示している．これが電話番号の基本となるが，この他に通信事業者内の電話番号，他国の電話番号なども表現できるようになっている．

3.4 回線交換とパケット交換

電話ネットワークで情報を運ぶ仕組みを詳しく学ぶ前に，ネットワークでの情報を運ぶ基本原理となる「**回線交換**」と「**パケット交換**」をまず学ぶことにする．

3.4.1 回線交換

回線交換は，電話ネットワークなどで用いられている情報の転送方法である．一般に，工学では，ある目的を実現する仕組み，システムの作り方を「**方式**」と呼んでおり，回線交換により情報を転送する仕組みを「**回線交換方式**」とよぶ．それでは，回線交換では，どのような原理で情報を運ぶのであろうか．

1章で「電話ネットワークでは，新たな通信要求が発生すると，発側の交換機はその"電話番号"を調べ，相手の電話が接続されている着側の交換機をみきわめ，そこに向けて電話線をつなぎ，その電話線の先の交換機に通信要求も引き継いでいく．このような働きで，接続された電話線と通信要求は，着側の交換機までたどりつき，そこから着側の電話機への電話線につながれる」と紹介した．ここで，電話ネットワークにおける"電話線"は，通信を実現する情報の通り道であり，この通り道を一般に**通信回線**（もしくは**回線**）とよぶ．

この電話ネットワークのように，個々の通信要求に対して，まず1つの通信回線が使用されることが決まる（ここでは，発信者が直接つながる回線）．その回線がつながった先の交換機で，さらにその先に向かう次の経路上の空いている1つの回線を割り当て，使用される回線同士をその交換機内の**通話路スイッチ**でつなぐ．この動作を着信者に向けて次々と繰り返していくと，通信要求元と目指す相手の間につなぎ合わされた情報の転送経路ができ上がることになる．この原理を図3.1に示す．このように，回線をスイッチでつなぎ合わせて，情報の転送路を作るのが，回線交換方式である．回線交換方式では，各区間の回線の伝送能力（ディジタル形式であれば，回線速度（bit/s））がすべて同一である必要がある．また，回線交換方式によって動作する交換機を**回線交換機**とよぶ．これに対して，電話

3.4 回線交換とパケット交換

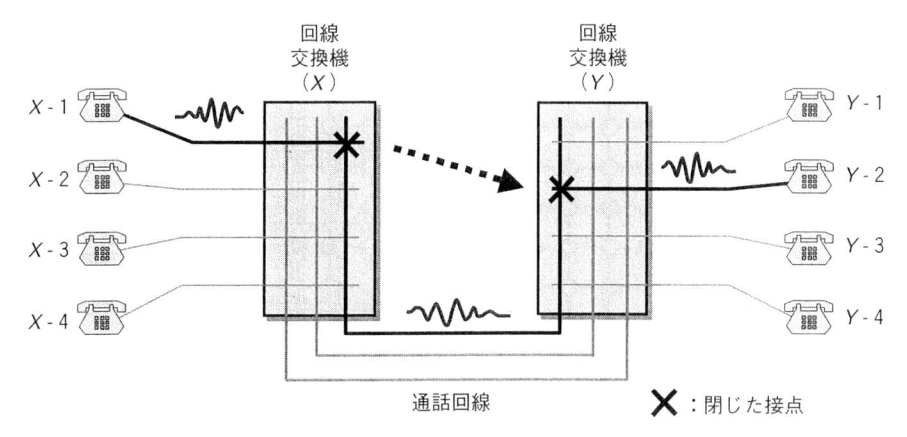

```
                        回線              回線
                       交換機             交換機
                        (X)              (Y)
X-1 ☎ ─╲╱╲─┐   │      │      │      │                    ┌─ ☎ Y-1
           └──┼──✕   │      │      ╱╲╱─┐
X-2 ☎ ──────┼─────┼──┼──✕─────────┴─── ☎ Y-2
X-3 ☎ ──────┼─────┼──┼──┼──────────────── ☎ Y-3
X-4 ☎ ──────┴─────┴──┴──┴──────────────── ☎ Y-4
                     通話回線          ✕：閉じた接点
```

図 3.1　回線交換の原理

機などの通信の始点・終点になる装置を**端末**とよぶ．

　回線交換を実現する重要な構成要素が通話路スイッチである．これは，回線交換機の内で，個々の通話に割り当てられた回線同士をつなぎ合わせる役割を持った装置である．通話路スイッチは，当初は金属の素子を用いた機械接点により実現されていた．代表的な例が，相互に交差（クロス）する縦の棒（バー），横の棒（バー）で接点の動作を制御する**クロスバスイッチ**で，図3.2にしめすように特定の縦の棒，横の棒を対応する電磁石（図中では3とe）で操作すると，その交差部の金属接点が閉じられ，通話信号が流れるようになる．このクロスバスイッチの機能は，図3.2(a)に示すように，入り側の回線群を示す水平線，出側の回線群を示す垂直線，および接点群を示す交差部の"○"からなるモデルで表わされ，制御動作により任意の入り回線と任意の出回線の間を接続できる．

　実際に，回線交換方式で情報を宛先まで転送するには，通信要求の発生を伝えたり，宛先を示すアドレスを伝えたりする制御信号の転送機能が必要になる．この機能を実現するには，制御信号転送路の実現法，制御の段取り，制御信号の表現などを決めておく必要があり，これらを定めた規定を「**信号方式（シグナリング）**」とよぶ．回線交換機は，信号方式によって送られてきた宛先アドレスに応じて，宛先に向かう適切な経路上の空いている1回線を選択し，通話路スイッチを

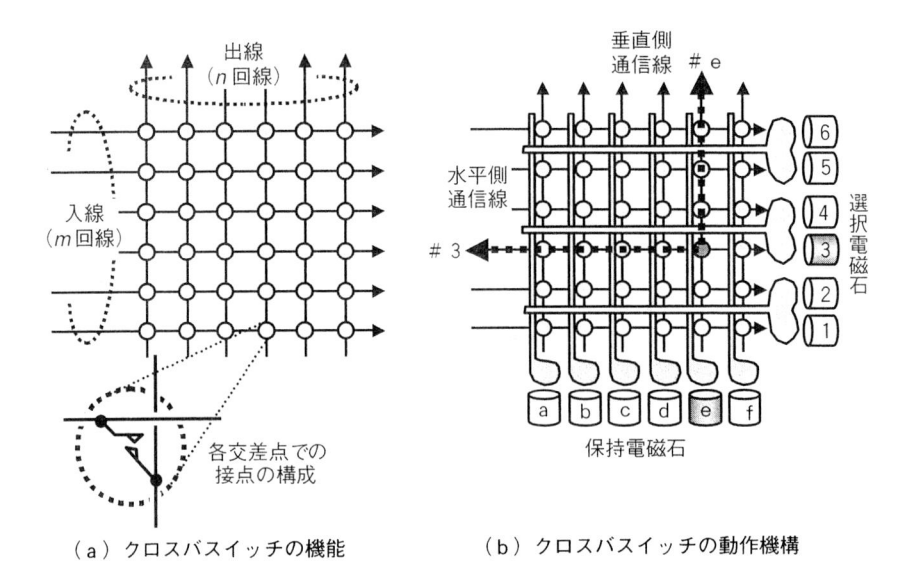

（a）クロスバスイッチの機能　　　　　（b）クロスバスイッチの動作機構
（注：この図は説明の都合上，実際のクロスバスイッチの構造とは若干異なっている．）

図 3.2　代表的な通話路スイッチとしてのクロスバスイッチ

操作して，入り回線と出回線を接続する機能を実現する．制御信号の転送路を信号路とよび，通話回線をそのまま用いる場合と，専用の信号回線を設ける場合の両者がある．電話機と交換機の間は，通話回線を用いて信号路を実現し，交換機相互間では専用の信号回線を設ける構成（これを共通線信号方式とよぶ）が一般的である．特に，交換機相互間では，多数の交換機間の信号情報の振り分けを行う信号中継局が設けられるのが通常である．このような，回線交換機を用いたネットワーク構成例を図3.3にしめす．

　回線交換方式で実現されるネットワークは，端末と回線交換機とそれらの間の通信回線から構成されるといえる．音声をアナログ波形で送っていた当初の電話網では，回線交換はその時点での技術に極めて親和性の高い方式であり，長期に渉って主流の方式として使用されてきた．

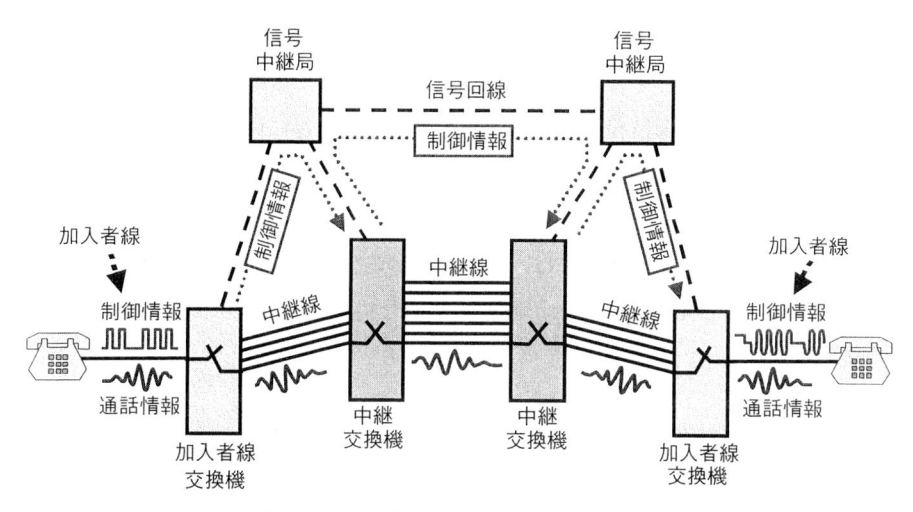

図 3.3 回線交換機からなるネットワーク

3.4.2 パケット交換

これまでは，電話情報の運び方を詳しくみてきた．一方，コンピュータの間で情報を送る場合を考えてみよう．

コンピュータの中では，すべてのデータは 0/1 のビットの組合せで表わされ，様々なビット数のデータが蓄積されている．このディジタル情報をコンピュータ間でやりとりする場合，これをそのまま転送できることが望ましい．しかし，ビット数があまりに長いと，ネットワーク内を運ぶときに一時的に保管することが難しくなる．また，伝送中に誤りが生じると全部のデータが無効になるので，長すぎる情報は誤りなく送ることが難しくなる．これらの理由から，データを適当な長さに区切って，これを単位として転送する送り方が考案された．この「適当な長さの単位転送」は，1章で紹介したように，**パケット**とよばれる．また，パケットを単位に情報を転送する方式を**パケット交換方式**とよぶ．1章で紹介したインターネットでの通信では，IP（Internet Protocol）とよばれる規則に従ったパケット転送法が用いられており，以下，このIPで採用されているパケット交換方式について説明する．

3 電話がつながる

　パケット交換方式によってネットワーク内でパケットを転送していくときに，転送したいデータだけでは宛先などの判定ができない．このため，個々のパケットに転送に必要な制御情報を添付する．ちょうど，小包に荷札をつけるようなものである．この，個々のパケットにつけられた制御情報を**ヘッダ**とよぶ．他方，パケットで運ばれるデータは，**ペイロード**とよぶ．インターネットでのパケット交換方式におけるヘッダの中には，様々な制御情報が含まれているが，宛先のアドレス，送り出し元のアドレスが最も基本的な情報となる．図3.4にパケットの構成を示す．

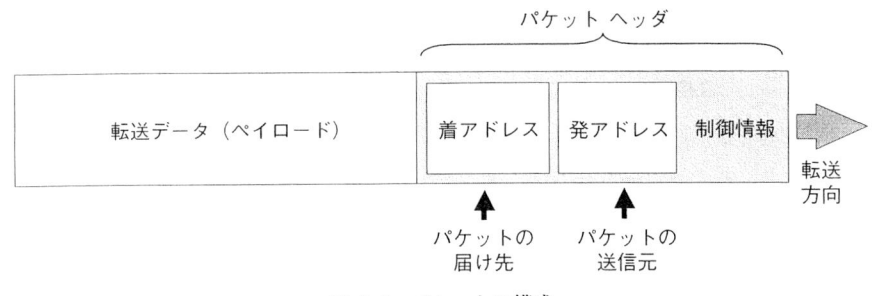

図 3.4　パケットの構成

　パケット交換方式によってパケットを転送する装置を，**パケット交換機**とよぶ．インターネットで使用されるパケット交換機はルータともよぶ．パケット交換の動作原理を図3.5に示す．図に示されるように，端末（例えば，コンピュータ）から送り出されたパケットは，パケット交換機でまず**バッファ**（いわばパケットの貯蔵庫で，メモリで実現される）に蓄積される．この蓄積されたパケットのヘッダが調べられ，宛先アドレスが分析され，適切な経路が選択され，これに向かってパケットが送出される．このような操作が繰り返され，最終的には宛先の端末にパケットが届くことになる．各パケット交換機で，パケットは一旦バッファに蓄積されるため，各区間の伝送路の回線速度（bit/s）は違っていても構わない．

　回線交換では，信号方式によって制御信号が転送され，これに応じてネットワーク内の情報転送が制御される．インターネットでのパケット交換方式では，上述のように，ヘッダ内に宛先アドレス等の必要な制御信号が含まれており，パ

3.5 電話ネットワークの構成

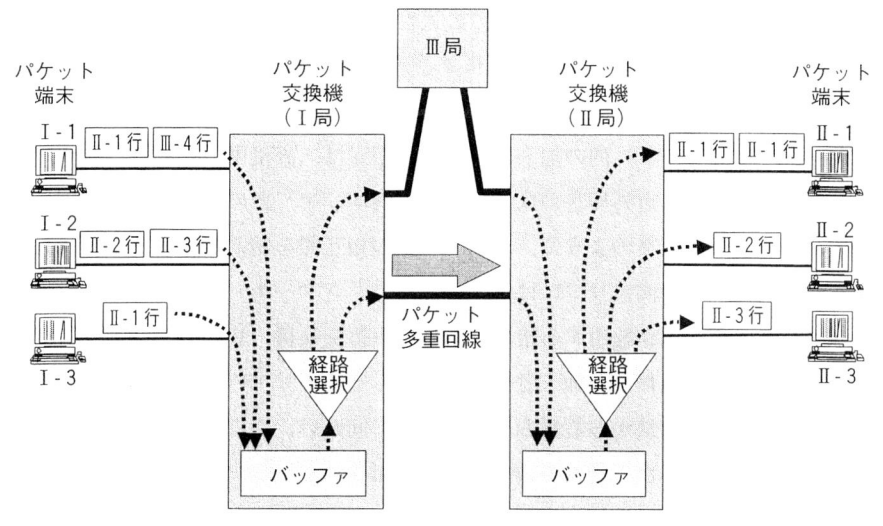

図 3.5 パケット交換機の動作原理

ケット単位に転送制御が行われる．この方式を，データグラムもしくはコネクションレス型とよぶ．これに対し，回線交換と同様に，信号方式でパケットの転送経路を設定し，転送するデータパケットのヘッダには，転送経路を指定する制御信号のみを含めるパケット交換方式もある．これは，**バーチャルコール**もしくは**コネクション型**とよばれ，DDXパケット交換網等の公衆パケット交換網で用いられてきた．

本書では，5章も含め，インターネットで用いられているデータグラム／コネクションレス型方式を中心に学んでいく．

3.5 電話ネットワークの構成

3.5.1 電話ネットワークの基本構成

1章で学んだように，電話ネットワークにおいて電話機は，加入者線とよばれる電話線によって交換機と結ばれている．この電話機が接続されている交換機を，**加入者線交換機**とよんでいる．電話ネットワーク内の交換機の間には，多数の通

信回線が引かれている．この交換機間の通信回線を**中継線**とよぶ．

　交換機間の中継線の張り方には，様々な形態があるが，3.3節で紹介した帯域制に対応する構成が基本となり，これを図3.6に示す．すなわち，同じ市外局番の地域（ある市内エリア）内の加入者線交換機相互は，直接中継線を引く形が基本となる．他方，違う市外局番の区域（他の市内エリア）との間の通信に対しては，高速道路ネットワークのように，市内エリアの相互間を結ぶ幹線ネットワークが作られており，各市内エリアには，高速道路のインターチェンジのように，他の市内エリアへの通信が経由する**市外交換機**（中継交換機）を置いている．他の市内エリアに向かう通信は，加入者線交換機からそのエリアの市外交換機に向かい，この発側の市外交換機から着側の市外交換機に向かい，ここから着側の加入者線交換機に至り，ここから着側の電話機が呼び出されることになる．この構成では，加入者線交換機をつないだネットワークの上に，市外交換機をつないだネットワークが乗る形となり，これを2階位の構成とよぶ．

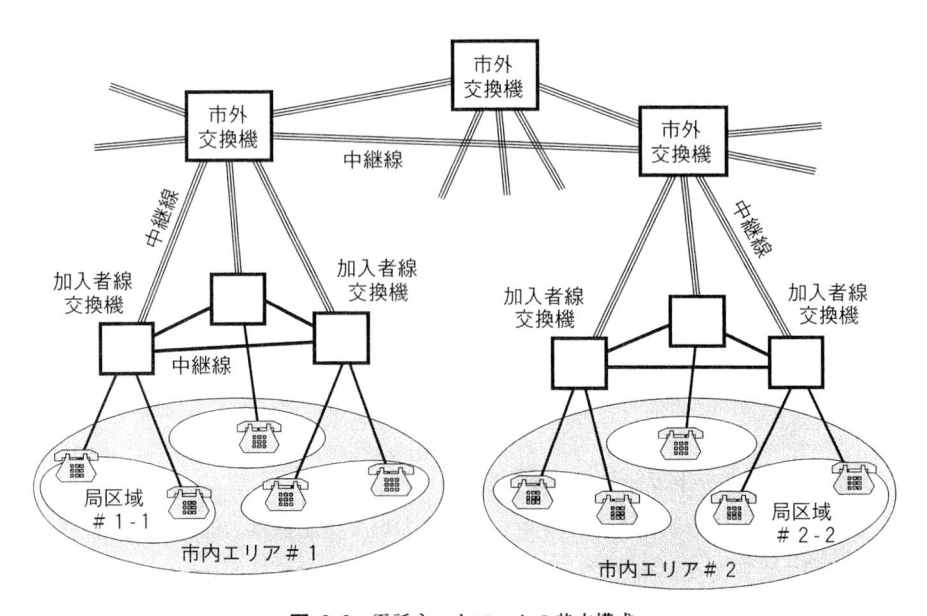

図 3.6　電話ネットワークの基本構成

3.5.2 アナログ電話網の基本構成

上記の2階位の区域割をし，これに応じて交換機・中継線を配した構成が，電話ネットワークの基本になるが，現実のネットワーク構成は，様々な条件によって，より複雑なものになっている．戦後の復興期に構築されたアナログ電話網では，図3.7に示すように回線コストが相対的に高かった．交換機の規模が大きくできなかったなどの要因から，区域割りを4階位にしていた．一般に，距離が近いほど通信の量は増える．このような多階位の構成では，行き先毎に木目の細かい経路選択を行うことで，近い距離の通信を短い経路で運ぶことができ，当時の通信技術では有効な構成であった．さらに，多数の通信が発生する経路には，近道となる中継線（これを**斜め回線**とよぶ）も設けられていた．

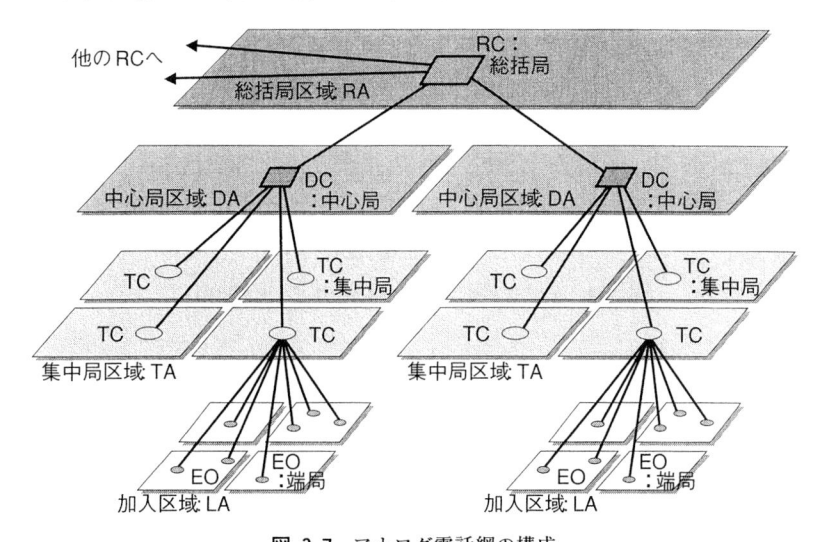

図 3.7 アナログ電話網の構成

3.5.3 ディジタル電話網の構成

電話ネットワークのディジタル化の過程では，交換機の大容量化が進み，大容量伝送路も容易に実現できることになったこともあり，3.5.1項で紹介した2階

位の構成が，電話ネットワークの基本になった．この構成での加入者線交換機を配置するのが**群局**（GC：Group Unit Center），市外交換機を配置するのが**中継局**（ZC：Zone Center）となる．しかし，あまり通信が発生しない経路に，専用の市外中継回線を設定することは不経済になるため，市外中継回線の中継を専用に行う**特定中継局**（SZC：Special Zone Center）が追加されたり，多数の通信が発生する経路には近道となる中継線（これを斜め回線とよぶ）も設けられた．概要を図3.8に示す†．

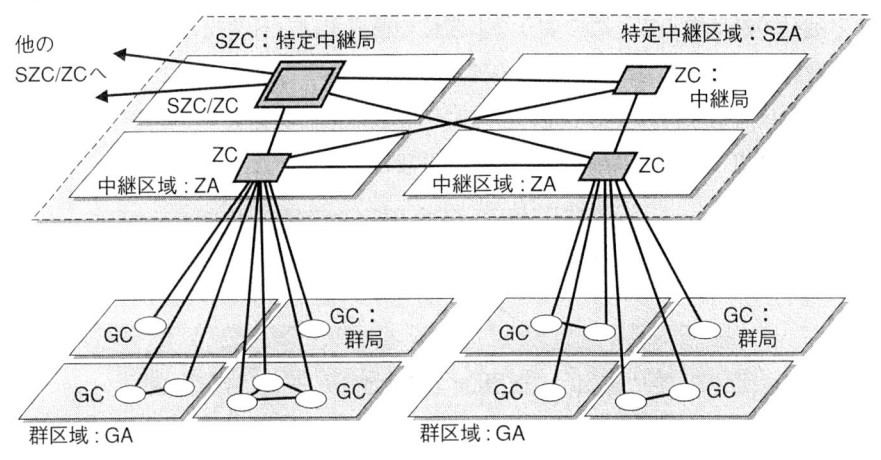

図 3.8 ディジタル電話網の構成（NTT再編以前）

3.6 電話ネットワークとこれを支える技術のまとめ

この章では，電話ネットワークとこれを支える技術について解説した．これらの内容を整理すると以下の通りとなる．

1）電話ネットワークは，音声情報を電気信号に変換して遠隔地に届けること

---

† 1999年7月のNTT再編により，電話ネットワークが複数の会社に分割されたこともあり，より複雑なネットワーク構成となっているが，その詳細は割愛する．

で，任意の電話機の間の音声による通信を実現している．
2) 電話番号は，電話ネットワークにおいて，音声情報の届け先を示す「アドレス」であり，電話をする時のダイヤル操作で，電話ネットワークに伝えられる．
3) 電話番号は，市外局番・市内局番・加入者番号から構成されている．市外局番・市内局番は，その利用者の属している市内エリアおよび加入者線交換機をそれぞれ識別する．これに対し，加入者番号は，その交換機内の利用者を識別する．
4) 電話ネットワークは，通信開始時に，発側の端末から1区間毎に1つの回線を選択し，これを途中の交換機でつなぎ合わせ，これを続けることで着側の端末までの通信経路を設定する回線交換方式を適用している．
5) 回線交換方式では，通信回線での通話情報の転送に加えて，電話番号などの制御信号を運ぶ仕組みが必要になる．この制御信号転送方式を信号方式とよび，通話回線をそのまま用いる方式と，信号方式専用の回線を設ける方式の2種がある．
6) インターネットなどのコンピュータ間通信では，データをひとかたまりのデータに分けて転送するパケット交換方式が適している．パケットは，この転送単位となるデータのかたまりであり，宛先アドレスなどの制御信号を含むヘッダが付与されている．
7) パケット交換機は，受信したパケットを一旦蓄積し，そのヘッダを調べて宛先アドレスに応じて，適当な出パケット回線にパケットを転送する．
8) 電話ネットワークの基本構成は，加入者線交換機からなるネットワークと，市外中継交換機からなるネットワークの2階層からなるネットワークである．現実の電話ネットワークは，様々な経済上の要因や運営上の要因から，より複雑な構成をしている．

【演習問題】

[3.1] 電話ネットワークでは，どのような交換方式が適用されているか．また，この方式では，通話情報の他に，どのような情報をやりとりする必要があるか？

[3.2] 電話ネットワークで，宛先を示すアドレスは何と呼ばれているか．また，これはどのような仕組みで電話機からネットワークに送られるか．

[3.3] 私たちが通常使う電話番号は，市外局番，市内局番，加入者番号に分かれている．そのそれぞれは，電話ネットワークのどの部分を指定しているか．

[3.4] 回線交換方式では，各交換機で入り側の通信回線と出側の通信回線を接続して，最終的に発側から着側までの通した通信回線が実現される．この通信回線の接続を実現する装置を何と呼んでいるか．

[3.5] パケット交換方式では，入り回線の速度と出回線の速度が異なっていても構わない．これはなぜか．

[3.6] パケット交換方式では，パケットのどの部分を分析してその宛先を決めているか．

[3.7] 電話ネットワークの基本構成において，個々の電話機を直接接続する交換機を何とよんでいるか．また，交換機の間の通信の分配を専用に行う交換機を何とよんでいるか．

情報の渋滞が発生しないようにする
－トラヒック理論－

これまで，情報ネットワークとはどんなものであるか，情報ネットワークで運ばれる情報メディアはどんなものであるか，また私たちに馴染みの深い電話の仕組みはどうなっているかを学んだ．4章では，さまざまな情報ネットワークを作り上げていく場合，どれだけの設備を用意すれば渋滞を起こさずに，快適にネットワークを使えるようにできるか，といった問題を解くことができるトラヒック理論について，その基本的な考え方や利用法を学ぶ．

4.1 トラヒックとトラヒック設計

何かのサービスを提供しようとすると，その利用者がどのような頻度で現れ，どの程度の時間，サービスを利用するかに応じて，サービスを提供するシステムの設備量をどのようにしなければならないかという問題が起こる．例えば，銀行のATMでは，どんな頻度で利用客がきて，平均何分ぐらい使うから，これを何台設置するか，という問題になる．これらの問題を解くには，この利用要求の多少を具体的な量として把握しておく必要がある．

利用者がくる時間やサービスを利用する時間は，利用者の都合できまり，多数の利用者がそれぞれ勝手に動くから，バラツキがある．こういった統計的なバラツキを考えながら，サービスの利用要求の到着を量的に捉えたものが「**トラヒック**」である．交通機関の利用者の流れであれば交通トラヒック，電話の利用要求の流れであれば電話トラヒック，コンピュータから送り出されるパケットの流れ

であれば，パケットトラヒックということになる．

あるサービスに対して，このトラヒックの量を推測し，これに応じた設備の量を設計することが「**トラヒック設計**」となる．個々の利用要求は，その時点のシステムの混み具合に応じて，サービスを受けられなかったり，サービスを受けるまで待たされたりする．これがサービスのトラヒック面からみた品質となる．トラヒック設計では，所定の品質を満たす範囲内で，最も少ない（最も経済的な）システムの設備量を求めることになる．

情報ネットワークの場合，「目指す宛先に情報を送りたい」という要求がサービス要求になり，通信時間がサービス利用時間になる．これを評価した「通信トラヒック」に対し，これを満たすネットワーク設備容量を，どう設計するかがトラヒック設計である．また，通信ができない確率や情報が相手に届くまでの遅延時間などが（トラヒック面からみた）**通信品質**となる．

それでは，統計的なバラツキは，どのような影響を与えるのであろうか？私たちは，例えばコンビニのレジで，さっきまではガラガラだったのが，いざ清算しようと思ったら長い行列ができている，といったことを経験している．これがバラツキのイタズラで，いくら平均的な利用率は低くても，到着がちょっと偏っただけで行列ができてしまう．

また，トラヒックには時間的な変動や季節的な変動もある．例えば，ダイヤルアップサービスで，深夜に利用しようとすると話中で利用できないことが続いたりすることがある．お正月休み明けや5月のゴールデンウイーク明けには，休み中に溜まっていた仕事を処理する電話が殺到し，通常の日よりも電話トラヒックが多くなる．図4.1に，1日内の時間別トラヒック変動の概念を紹介する．こういった様々な変動も考慮に入れて，トラヒック設計が行われる．

4.2　ネットワークトポロジーとトラヒック設計

1章で述べたように，ネットワークは，電話機やコンピュータなどの情報の送受信を行う端末（これをネットワークの端にあるノードという意味でエンドノー

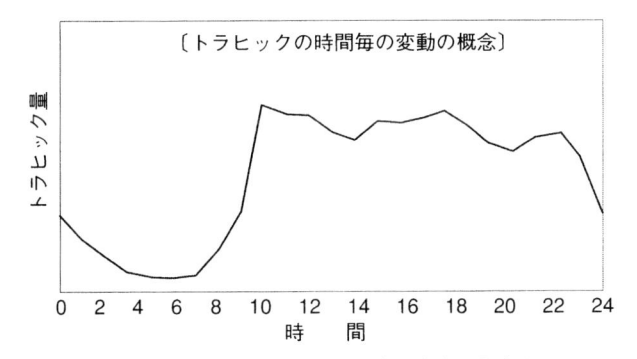

4.2 ネットワークトポロジーとトラヒック設計

〔トラヒックの時間毎の変動の概念〕

トラヒックは、ネットワークの利用者の意向で発生するため、以下のような条件により、様々な変動がある：
- ●利用時間帯：会社始業時、割引料金開始時、等に関連
- ●利用日：連休明け、年末・年始、等に関連
- ●地域：都心、住宅地、等の地域の特性に関連

図 4.1　トラヒック変動の概念

ドともいう）の間での情報交換を実現するもので，このため，交換機やルータといった中継ノードが内部に配置され，情報の分配機能を実現している．各ノードの間は，情報を転送するリンクで結ばれることになる．ネットワークの基本構造は，このノードの配置とノード間のリンクの張り方で与えられる．この構造を**ネットワークトポロジー**という．

通信ネットワークのトポロジーには，全部のノード間を直接つなぐ**網型**，必ずある中継ノードを介して接続される**星型**，等の基本形があり，実際のネットワークでは，ネットワーク構成上の要求条件に応じて複数の基本形を複合した形で実現している．図4.2に代表的なネットワークトポロジーを示す．ただし，（c）分

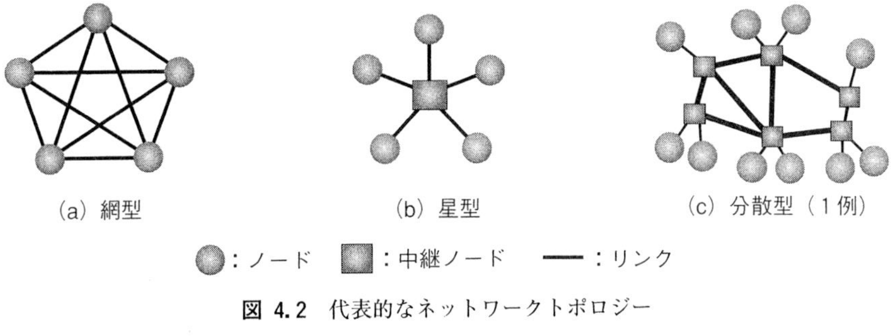

(a) 網型　　　(b) 星型　　　(c) 分散型（1例）

●：ノード　　■：中継ノード　　──：リンク

図 4.2　代表的なネットワークトポロジー

散型は，近隣のノードを適宜リンクで結ぶものであり，格子型も含めて様々な形態があり，図に示したものはその1例である．

ここで，ある地域での分配機能を実現している中継ノードと，別な地域の中継ノードとの間を考えると，その間では両方の地域間の通信要求が運ばれていることになる．この通信要求の流れを地域間トラヒックとよぶ．ネットワークのトポロジーは，そのネットワークがつなごうとする地域間のトラヒックがスムースに流れるように，決めていくことになる．

一般に，ネットワーク内には目的地に到達する経路が複数あり，その中のどれを使ってトラヒックを流すかも，ネットワークを設計する上で決めておく必要がある．この経路の選び方を「**経路選択法**」もしくは「**ルーティング法**」とよんでいる．この経路選択法に応じてネットワーク内のトラヒックの流れが変わり，個々のリンクに加わるトラヒックが決まることになる．この運ばなければいけないトラヒックに対して，**通信品質**が許される範囲内に納まるように，リンクの設備容量（回線数や回線速度）を決め，また，流れるトラヒックに応じて中継ノードの設備容量も決めていくことになる．評価する通信品質としては，接続の容易さ，網内転送による遅延時間，混雑に伴う情報の損失確率，等が挙げられる．

4.3 トラヒック理論の一般モデル

トラヒック理論では，様々なトラヒック問題を解くため，それぞれの問題の数量的な性質を取り出し，この一般化された性質でトラヒック解析を行う．このように，個別の問題からトラヒックに関する基本的な性質を抜き出し，トラヒック理論で評価可能な形に整理することを**モデル化**という．図4.3に，このトラヒック理論の一般モデルを示す．このモデルは，大別して評価対象のシステムを，以下の3つの性質として表したものである．

1）利用要求がシステムに到着する頻度はどのようなものか？
2）個々の利用要求が，システムのサービスを利用し続ける時間の長さ（電話でいえば話している時間）はどれくらいか？

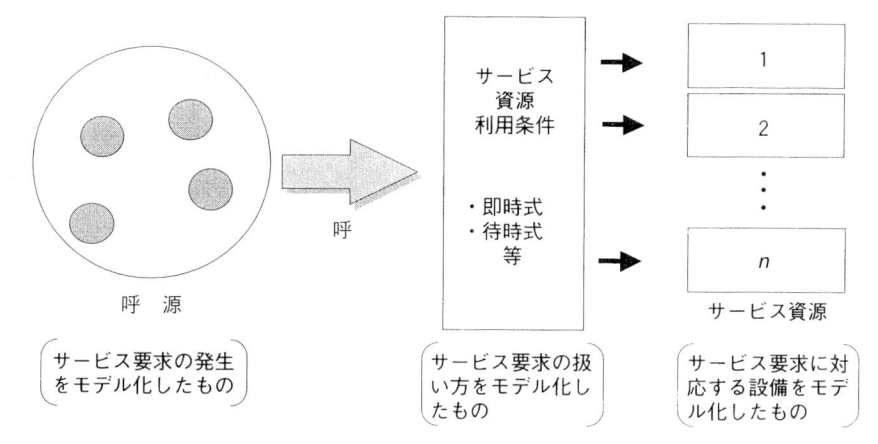

図 4.3 トラヒック理論の一般モデル

3) 到着した利用要求が，サービスを利用できるまでのシステムの扱い（例：
"すぐに利用できなければ要求を断念する"，"利用できるまで待つ"）はどうなのか？

以下に，トラヒック理論のモデル化における基本的な概念を述べることとする．

4.3.1 呼の生起

トラヒック理論では，個々のサービスの利用要求を「**呼**」とよぶ．「利用要求（呼）の発生頻度」が多ければ，当然，システムに対する負担は大きくなるから，加わるトラヒックも大きくなる．このため，呼の発生頻度は，トラヒックを定量的に扱う上での重要な属性の1つになる．図4.4に呼の発生の概念を示す．

ここで，呼の発生頻度を測る尺度を**発呼率**（もしくは生起率）とよぶ．これは，単位時間に到着する呼の数の平均になる．

$$発呼率：\lambda = \frac{発生呼数}{測定時間} \tag{4.1}$$

呼の発生間隔の確率分布も，システムの負担の大小に影響し，重要である．一般には，個々の呼の発生は，互いに独立（前の呼がどの時点で発生したかが，次の呼の発生に影響しない）と仮定できる場合が多く，これを**ランダム生起**と呼ぶ．

図 4.4　発呼の概念

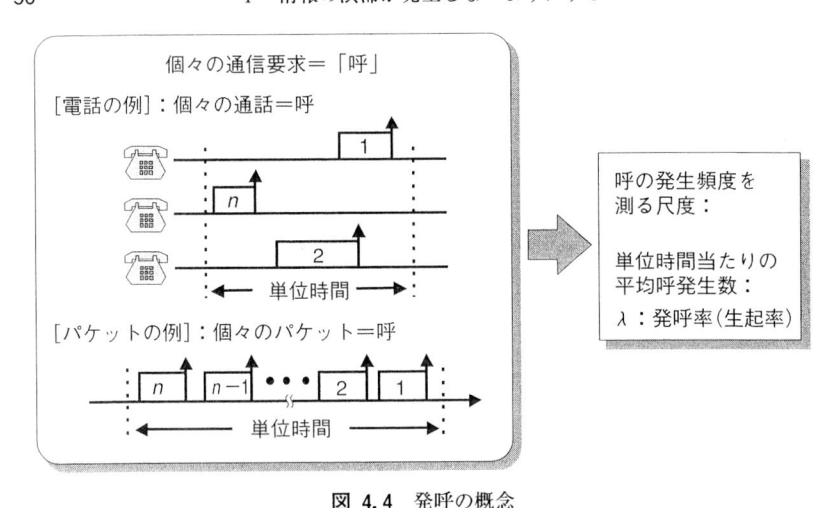

トラヒック設計では，通常，ランダム生起を前提に解析を行う．

4.3.2　保留時間

　個々のサービス要求がシステムを利用する時間を，**保留時間**とよぶ．発生する呼の保留時間の平均値が長ければ，システムに対する負担は大きくなるから，システムに加わるトラヒックも大きくなる．このため，呼の保留時間も，トラヒックを定量的に扱う上での重要な属性の1つになる．図4.5に保留時間の概念を示す．

　保留時間の確率分布（**保留時間分布**）もシステムの負担の大小に影響し，重要である．サービス要求のシステム利用が次の単位時間に終了する確率を一定と仮定できる場合，確率分布は負の指数分布となり，これがトラヒック設計でよく用いられる．サービスによっては，どの呼の保留時間も一定値 h の場合（一定分布）も用いられる（例えばパケット長が常に一定の場合がこれに該当する）．また，保留時間の平均・分散などの値は知られているが，確率分布は不明（一般分布と呼ぶ）として解析する場合もある．

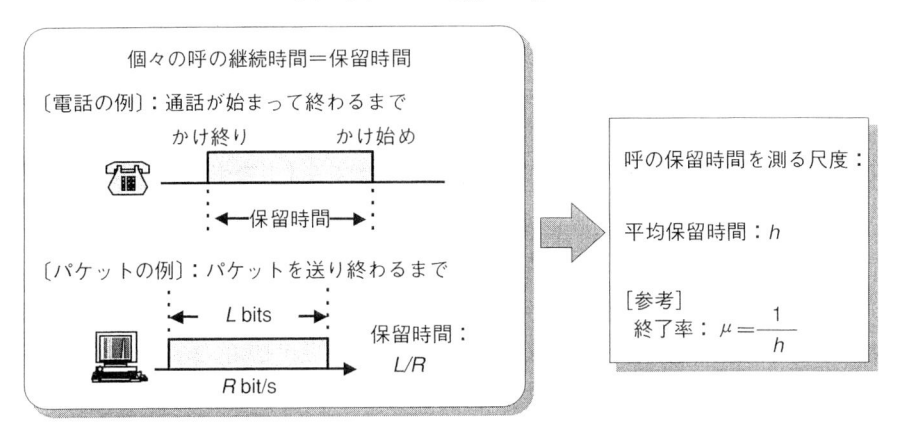

図 4.5 保留時間の概念

4.3.3 呼量

これまで，システムの負担は発呼率（生起率）に応じて大きくなり，また平均保留時間に応じても大きくなることを学んだ．到着する呼のシステムに対する総合的な負荷は，「**呼量**」とよんでおり，これは以下の式で与えられる．

$$呼量\ a\ =\ 発呼率\ \lambda \times 平均保留時間\ h \tag{4.2}$$

この呼量は，本来は分とか秒といった単位が全くつかない数であるが，電話トラヒック理論の創始者であるA.E.アーランにちなんで，**アーラン**†という単位をつけて呼ばれる．複数回線の場合，運ばれた呼量は平均同時接続数に対応する．1回線の場合，運ばれた呼量は回線使用率に対応することになる．

4.3.4 利用要求の扱い方

評価をしようとするシステムにおいて，利用要求が発生してからサービスが利用できるまでの扱いは，トラヒックの分析に大きく関わる．この扱いは，以下の2種に大別できる．

---

† A.E.アーラン（1879〜1924）：デンマークの数学者．アーランの記号はE，e，erlなど使用されるが，本書ではerlを使用する．

(1) **即時系**〔直ちに利用できなければ要求を断念する場合〕

現在の電話系のサービスでは，電話をかけようとしたその時に，利用できる通信回線が確保できないと話中になり，その通信要求（呼）は断念せざるを得ない．このように，直ちに利用できなければ要求を断念するようなシステムを，即時系（もしくは損失系）と呼ぶ．

(2) **待時系**〔利用できるまで待つ場合〕

システムに到着した利用要求（呼）が，そのサービスが利用できるまで待ち合わせるようなシステムを，待時系（もしくは待時式）とよぶ．また，システム内で待ち合わせている呼の行列を「**待行列（キュー）**」，もしくは単に「**行列**」とよぶ．現実には，待合せの呼が多くなりすぎると，システム内に収容できなくなり，その場合，その利用要求は断念する（損失）ことも起こり得る．これは，最大行列長が有限とすることでモデル化される．このように，トラヒック解析を行うには，利用要求の扱い方を厳密に規定しておく必要がある．

4.4 即時系のトラヒック設計

即時系では，発生した呼＝利用要求は直ちにサービスを利用できなければ，利用を断念する．これを「呼の損失」という意味で，**呼損**とよぶ．発生した呼の中で呼損になる呼の比率は，即時系のサービス品質上で重要な指標となり，これを**呼損率**とよぶ．

電話サービスは典型的な即時系のサービスである．すでに3章で述べたように，電話サービスでは，途中の交換機毎に目的地に向かう経路上の空いている1回線を選択し，その回線の先の交換機で同様な動作を繰り返していく．各交換機での接続をモデル化すると，図4.6のようになる．ここで，評価対象の交換機につながってきて，目的の経路に向かうトラヒックの呼量をa〔erl〕とする．また，着目した経路上の回線数はSとする．電話サービスでは，一般に呼の発生はランダム，保留時間分布は負の**指数分布**でよく近似される．このような系で，発生した呼が回線が確保できず損失になる確率，すなわち呼損率を一定値以下にしないと，

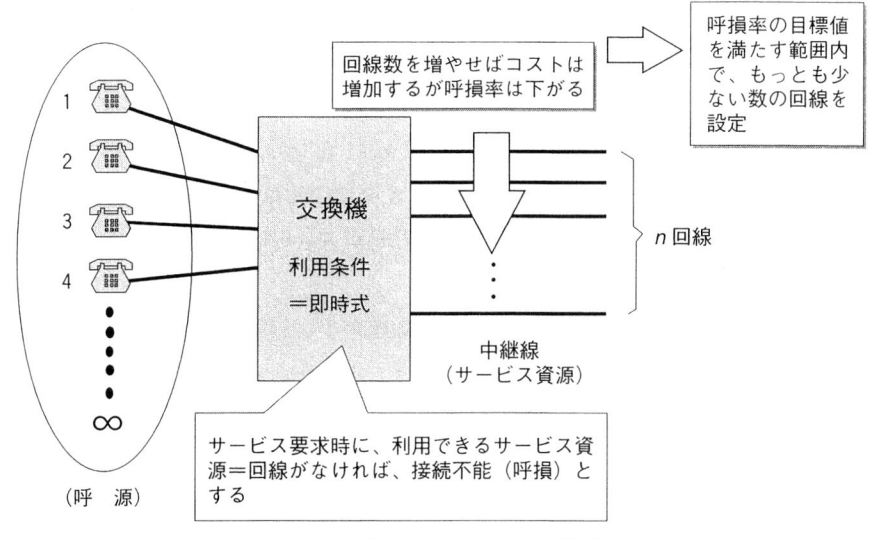

図 4.6 即時系でのトラヒック設計

利用者の満足が得られないため，例えば呼損率を1％以下になるような最小の回線数 S を準備することになる．

図4.6に示した系では，呼損率は，呼量 a，回線数 S に対して下記の式で与えられる．この式は，電話トラヒック理論の創始者であるA.E.アーランが解いたことから，アーランの損失式，あるいはアーランB式とも呼ばれている．

$$\text{呼損率}：B = E_S(a) = \frac{\dfrac{a^S}{S!}}{\displaystyle\sum_{k=0}^{S} \dfrac{a^k}{k!}} \tag{4.3}$$

呼損率は，上記の式を直接計算しても求められるが，以下の漸化式を用いると，容易に算出できる．

$$E_S(a) = \frac{aE_{S-1}(a)}{S + aE_{S-1}(a)} \tag{4.4}$$

$$E_0(a) = 1$$

上式を用いた，呼損率の評価例を図4.7に示す．図に示されるように，ある呼量 a

に対して，回線数 S を増やせば呼損率 $E_s(a)$ は減少する．したがって，許容する呼損率を高く（品質を悪く）とれば必要回線数 S は減らせる．このように，ある呼損率目標（例えば1％）に対して，呼量 a 毎に，これを満たす回線数 S_a を求めることができる（下図内の表参照），ここで $a(1-E_s(a))/S_a$ は回線の使用能率となる．一般に，ある呼量 a に対して回線数 S を増やせば，呼損率 $E_s(a)$ は減少する．同じ品質（呼損率）であれば，加わる呼量が大きいほど，回線使用能率は高く取ることができる．

　ここで，通信要求が利用する経路上の回線数が少ない場合（例：6回線，12回線）を小群，回線数が多い場合を大群という．小群をある品質で使おうとすると，同じ品質で使う大群より，使用能率すなわち回線あたりの呼量を少なく取る必要がある．例えば，図4.8に示すように，2地区に分かれた本社・支社の間，本社研究所・支社研究所を結ぶ専用網を構築し，それぞれの区域間の回線数を，呼損率1％以下に設計すると，経路が18回線の群2つに分かれる（小群×2）ため，回線能率は約55％になる．これを，研究所相互間の通話を本社・支社の交換機を介して接続するようにすると，区域間の経路が30回線の群1つにまとまり（大群），同じ品質なら回線能率は約66％に増加し，高価な市外専用線数を6回線削減できる．このように，トラヒックを集めて多数の回線からなる経路にまとめると，所

呼損率1％以下となる回線数

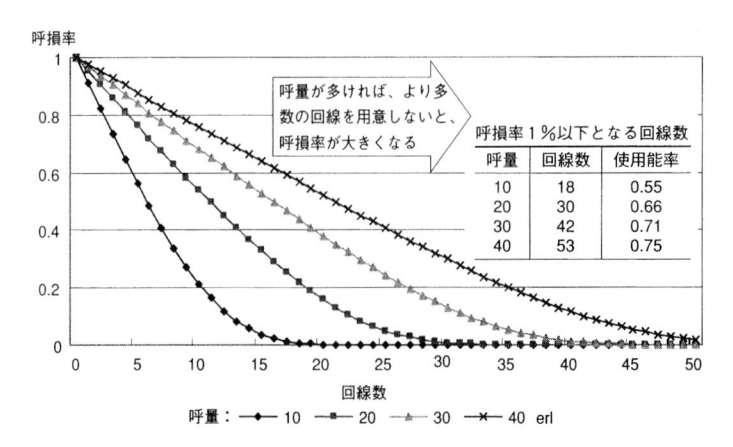

呼量	回線数	使用能率
10	18	0.55
20	30	0.66
30	42	0.71
40	53	0.75

図 4.7　呼損率の評価例

要回線数を減らせる,もしくは同じ回線数なら品質を上げることができる.こういった効果を,**大群化効果**とよぶ.

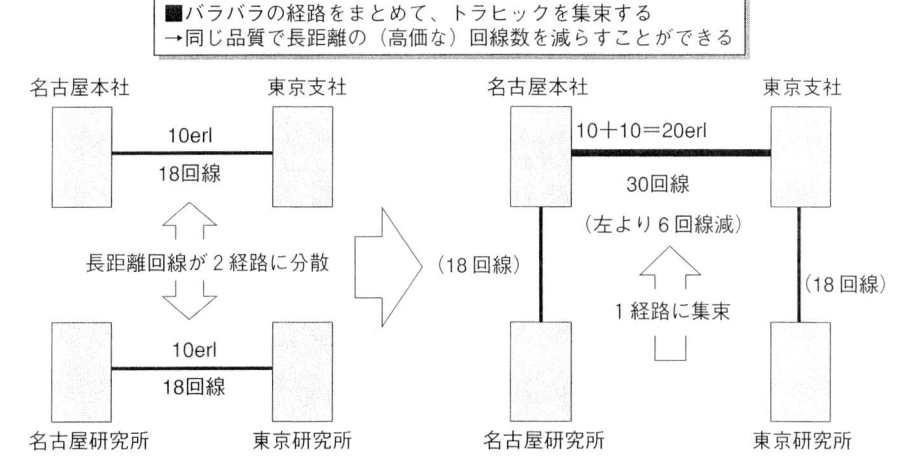

■バラバラの経路をまとめて、トラヒックを集束する
→同じ品質で長距離の(高価な)回線数を減らすことができる

名古屋本社 — 10erl / 18回線 — 東京支社
名古屋研究所 — 10erl / 18回線 — 東京研究所
長距離回線が2経路に分散

⇒

名古屋本社 — 10+10=20erl / 30回線(左より6回線減) — 東京支社
(18回線) 1経路に集束 (18回線)
名古屋研究所 — 東京研究所

図 4.8 大群化効果の例

4.5 待時系の評価

待時系では,発生した呼=利用要求は,直ちにサービスを利用できなければ待合せを行う.情報ネットワークにおいて,ある情報(例:パケット)の転送要求が待時式サービスを提供する設備(例:パケット交換機)に到着した場合,「**待合せ遅延**(呼が発生してからサービスを受けるまでの時間)」+「**送出時間**(サービスが始まってから終るまでの時間)」の和は,品質上で重要な指標となり,これを**伝送遅延**とよぶ.

すでに1章で概説したように,インターネットでは,途中のルータ毎に目的地に向かう経路となる回線を選択し,この回線にパケットを送り込む.この途中のルータでの接続は待時系サービスであり,これをモデル化すると,図4.9のようになる.ここで,評価対象のルータに送られてきて,目的の経路に向かうパケットの生起率を λ〔パケット/sec〕とする.着目した経路の回線速度を R〔bit/s〕,平均

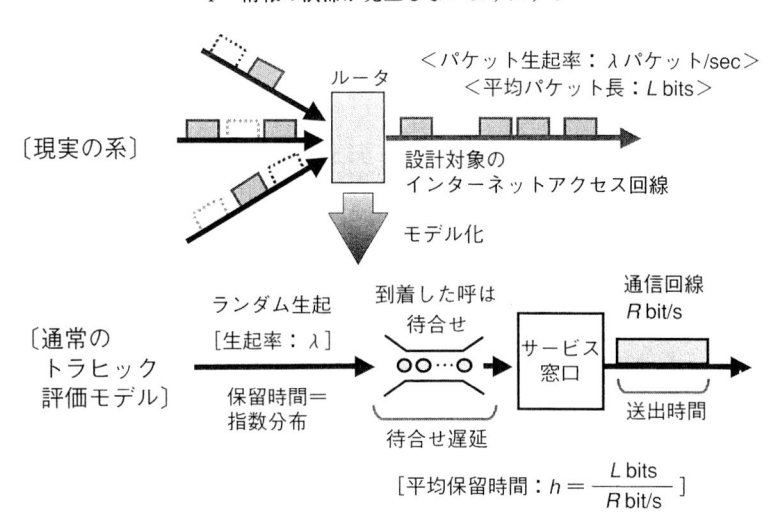

図 4.9 待時系のトラヒックモデル

パケット長をL〔bit〕とすると，平均保留時間hは次式となる．

$$h = \frac{L}{R} \text{〔sec〕} \tag{4.5}$$

パケットサービスでも，一般に呼（＝パケット）の発生はランダムであると近似できる．また，保留時間分布は負の指数分布で概ね近似できる．このような待時系では，回線速度が低いと，若干のトラヒックの増加で急速に遅延が増大し，利用者の満足が得られなくなる．そのため，トラヒックが増加した状態でも，例えば，待合せ遅延が送出時間以下になるような回線速度を求めることになる．

図4.9に示した系では，到着した呼の平均伝送遅延D＝「待合せ遅延」＋「送出時間」は，以下の式で与えられる．

$$D = \frac{\lambda h^2}{1-\lambda h} + h = \frac{h}{1-\lambda h} \tag{4.6}$$

ただし，$\lambda h < 1$でなければ，上式は意味を持たない．$\lambda h \geq 1$では待ち行列が際限なく長くなり，システムは破綻する．ここで，呼量をaとすると$a = \lambda h$の関係が成り立つから，上式は以下のよう書き直すこともできる．

$$D = \frac{ah}{1-a} + h = \frac{h}{1-a} \tag{4.7}$$

上式を用いた遅延時間の評価例を図4.10に示す．図に示されるように，ある発呼率λ，および平均パケット長 L が想定されるトラヒックで，伝送速度 R を下げていくと，ある点（$\lambda h = 1$ となる点）を越えると，遅延時間は発散して無限大になる．このため，伝送速度は想定されるトラヒックに対して十分に余裕を持って設定する必要がある．ただし，現実のシステムでは，瞬間的に多量のトラヒック（パケット）が到着すると，これらは廃棄されるため，到着するトラヒックが平常に戻れば，システムもまた正常な動作に戻ることになる．

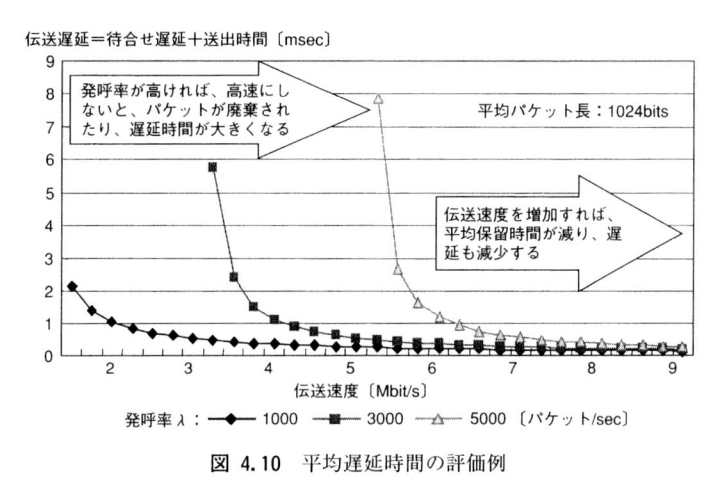

図 4.10 平均遅延時間の評価例

4.6 トラヒック理論のまとめ

この章では，さまざまな情報ネットワークを作り上げていく場合，どれだけの設備を用意すれば渋滞を起こさずに，快適にネットワークを使えるか，といった問題について，これを解く手法であるトラヒック理論について，その基本的な考え方や利用法を解説した．トラヒック理論の基本を整理すると以下の通りとなる．

1) サービスを提供するシステムの設備容量を設計するには，到着するサービス利用要求の量はどの程度かを知る必要がある．このため，到着する時点や利用時間のバラツキを考えながら，サービス利用要求の到着を量的に捉えたものが「トラヒック」である．

2) あるサービスに対して，到着するトラヒックとシステムの容量の相対関係に応じて，サービスを受けられなかったり，待たされたりする．これらはサービスのトラヒック面からみた品質となる．利用要求のトラヒック量を推測し，所定のサービス品質を満たす範囲内で，最も少ないシステム容量（＝最も経済的なシステム構成）を求めることが「トラヒック設計」となる．

3) ネットワークは地理的な拡がりを持ち，そのトラヒック設計には，地域間交流トラヒックを考えないといけない．地域間交流トラヒックが分かり，これに対してネットワークの構造（トポロジー）と経路選択法（ルーティング）を定めると，個々のリンクやノードに加わるトラヒックが決まる．これから個々のリンクやノードの容量が設計できる．

4) トラヒック理論は，トラヒックに関わる様々な問題を解くため，個々の問題からトラヒックに関する基本的な性質を抜き出し，トラヒック理論で評価可能な形に整理する．このモデル化では，評価対象のシステムを以下の3つの性質で定量化する：
  ① 利用要求がシステムに到着する頻度，
  ② 個々の利用要求がシステムのサービスを利用し続ける時間の長さ，
  ③ 到着した利用要求がサービスを利用できるまでのシステムでの扱い（即時系か待時系か）．

5) 即時系では，発生した呼＝利用要求は，直ちにサービスを利用できなければ，利用を断念する．これを呼損とよぶ．発生呼の中で呼損になる呼の比率を示す呼損率は，損失系のサービス品質上で重要な指標であり，発呼率，平均保留時間（および各々の確率分布）と設備数（回線数）を与えれば，その平均値を求めることができる．

6) 待時系では，発生した呼＝利用要求は，直ちにサービスを利用できなければ待合せを行う．到着した発生呼に対し，伝送遅延＝「待合せ遅延」＋「送出時間」は品質上で重要な指標となり，発呼率，平均保留時間（および各々の確率分布）と設備容量（回線容量）を与えれば，その平均値を求めることができる．
7) 一般に，規模の大きなシステムでは，到着するトラヒックのバラツキが緩和されるため，システムを効率的に使える．これを大群化効果とよぶ．

【演習問題】

[4.1] トラヒックとは，どのようなものか説明せよ．

[4.2] 到着するトラヒックを量的に表すためには，2つの基本的な属性を定量的に明らかにする必要がある．これは何か説明せよ．

[4.3] トラヒックのシステムに対する総合的な負荷の大きさを示す指標は何とよび，その単位は何か．また，トラヒックの2つの基本的属性からこの指標はどのように計算されるか．

[4.4] トラヒック理論で，あるシステムのふるまいを分析する場合，このシステムに加わるトラヒックの定量的な属性の他に，システムのトラヒックの扱い方を規定する必要がある．この扱い方にはどのようなものがあるか，例を挙げて説明せよ．

[4.5] 大群化効果とはどのようなものか，説明せよ．

[4.6] 以下の問いに答えよ．
 (1) 即時系において，加わる呼量が10erlの場合，呼損率を1％以下にするには，出回線の数を何本にする必要があるか．また，加わる呼量が20erlになった場合，必要な出回線数は何本か．いずれも，次頁の数表を用いて算出せよ．

数表：呼量(a)，回線数(n)に対する呼損率

回線数(n)		15	16	17	18	19	20		27	28	29	30	31	32
	5	0.000	0.000	0.000	0.000	0.000	0.000		0.000	0.000	0.000	0.000	0.000	0.000
呼量	10	0.036	0.022	0.013	0.007	0.004	0.002		0.000	0.000	0.000	0.000	0.000	0.000
(a)	15	0.180	0.145	0.113	0.086	0.064	0.046		0.002	0.001	0.000	0.000	0.000	0.000
	20	0.330	0.292	0.256	0.221	0.189	0.159		0.027	0.019	0.013	0.008	0.005	0.003
	25	0.444	0.409	0.376	0.343	0.311	0.280		0.101	0.083	0.067	0.053	0.041	0.031

(2) 待合せ系において，発呼率λは3000パケット/sec，平均パケット長1024bits，伝送速度が5 Mbit/sとすると，伝送遅延はどのような値になるか．

電子メールが届く，Webで世界中の情報を手に入れる
－インターネットとTCP/IPの仕組み－

　1章では，インターネットの情報は，パケットと呼ばれる形式に変換されて送られること，情報のあて先を示す住所表示がIPアドレスであること，電子メールやWebページを利用するために，ネットワーク内のコンピュータが，電子メールアドレスやURLを，IPアドレスに変換し，パケットを目的の相手に届けることなどを勉強した．本章ではこれらの事項をさらに詳細に学び，インターネットの基本的な仕組みを理解する．

5.1　インターネットの仕組み

　私たちがインターネットを利用するのは，通信販売の商品を購入したり，会社のWebページを見たり，電子メールで友人に連絡をしたりすることであろう．このようなサービスがどのように実現されているかという概略をまず説明し，ついで重要な技術的事項を説明する．

　インターネットは図5.1に示すような構成になっている．1.3.2項で学んだように，まず利用者のコンピュータからADSLや無線などでインターネットに接続される．インターネットは，様々なネットワークが相互に接続されることにより成り立っている．利用者のコンピュータが最初につながるネットワークは，「インターネットサービスを利用者に提供する」という意味のインターネットサービスプロバイダ（ISP：Internet Service Provider）である．

　世界中に数多くのプロバイダが存在し，プロバイダ同士を相互に接続して作ら

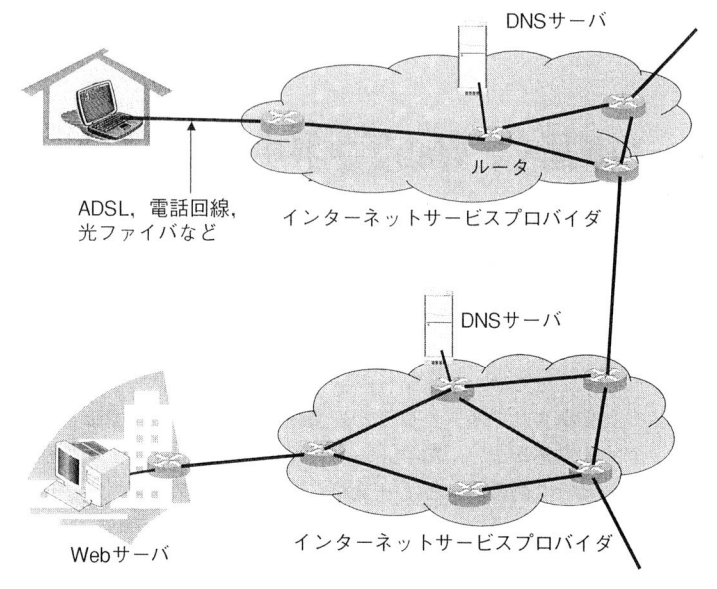

図 5.1 インターネットの構成図

れたネットワークがインターネットである．このインターネットを使って，Webを見たり電子メールを送ることができる．その仕組みは次の通りである．

(1) 世界中のコンピュータを識別するための番号がIPアドレスである．Webページを見るためのURLや，電子メールを送るための電子メールアドレスから，IPアドレスを得る仕組みが**DNS**（Domain Name System）である．DNSはインターネットで通信相手の名前からそのIPアドレスを見つけるという基本機能を果たしており，この機能を行うDNSサーバが，インターネットの各所に置かれている．

(2) 1章で学んだように，情報はパケットに変換され送られる．DNSにより見つけられた通信相手のIPアドレスを用い，相手までの経路を見つけてパケットを相手に届ける装置が，**ルータ**（router）である．

(3) 私たちが会話を行うためには言語が必要であり，また円滑に人と付き合うためには，各種の約束事が必要である．これと同様に，コンピュータ同士で正しく通信を行うためには，インターネットの各種機器間での約束事，

すなわち文法にあたる対話の仕方と，言葉に対応する情報の表現法を決めておくことが必要である．この約束事を**プロトコル**（protocol）という．

Webページを見る場合を例に，インターネットの中で情報がどのようにやり取りされているかを調べ，インターネットの仕組みを学ぶこととする．

コンピュータやサーバは，図5.2に示すように，Webブラウザのようなアプリケーションソフトウェア，Windows，Mac OS，LinuxというようなOS（Operating System），LAN（Local Area Network）に接続するためのネットワークインターフェース，ネットワーク接続を制御するためのソフトウェアであるインタフェースドライバなどで構成されている．利用者のコンピュータだけでなく，Webページを保有しているWebサーバも同様な構成である．

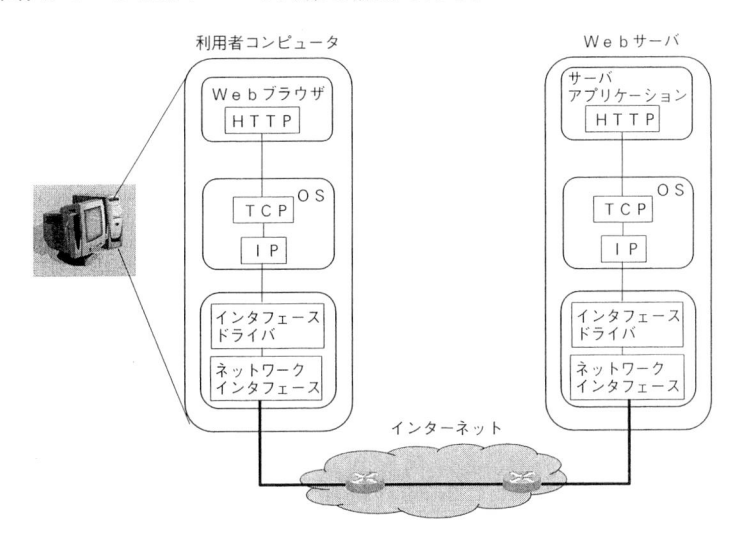

図 5.2 コンピュータの内部とインターネット

利用者のコンピュータとWebサーバ間をつなぐことを例として，プロトコルの概要について説明する．

インターネットでは，何種類ものプロトコルが利用されている．利用者のコンピュータ内のWebブラウザとWebサーバ間で，Webページの表示要求を送ったり，要求されたWebページを返送するためのプロトコルは，**HTTP**（Hyper-Text

Transfer Protocol）と呼ばれる．電子メールでは**SMTP**（Simple Mail Transfer Protocol）というプロトコルが用いられる．色々なアプリケーションを利用するために用いられるので，**アプリケーション層**プロトコルといわれる．

それではHTTPの信号はどのようにしてWebサーバに届くのだろうか．HTTPはWebブラウザと，Webサーバ間の会話の手順を定めているだけであり，ネットワークを通して離れたコンピュータにHTTPを届けるためには，別のプロトコルが必要である．

例えば，タクシーに乗って友人の家を訪問するときのことを考えてみよう．タクシーの運転手に行き先を告げると，その後は，タクシーの運転手が適当に道を選んで乗客を目的地に運んでくれる．これと同様に，HTTPという乗客を目的地まで運ぶタクシーの運転手に相当するプロトコルが，**IP**（Internet Protocol）である．乗客であるHTTPは，自分の行き先を示すIPアドレスをIPに指示する．IPは，このIPアドレスにより適当な経路を選択して，HTTPを相手のコンピュータまで運ぶ．IPはネットワークの中で経路を探しながら相手まで情報を届けるので，**ネットワーク層**のプロトコルといわれる．

ここで説明したように私たちは他の場所に移動するためには，自動車や電車といった乗り物を乗り継ぐ．インターネットでもこのような乗り物に相当する機能が必要である．この機能を実現するのが**データリンク層**であり，イーサネットなどである．また，道路や線路に相当する機能は**物理層**と呼ばれ，光ファイバや無線などがあり，9章で説明する．

アプリケーション層とネットワーク層の間にあるプロトコルは，どんな役割を果しているのであろうか．例えば，団体旅行の場合では，1つの団体が複数のバスに分乗して旅行し，すべての乗客が目的地に正しく着いたかどうかを確認するためのツアーコンダクタが必要になる．インターネットでは，1つのWebページの情報が，複数のIPパケットに分割され，別々の経路を通ることもある．また，IPパケットが途中で紛失することも起こりえる．そのためWebを見るとき，HTTPが相手に正しく届いたかどうかを確認するための手順が必要であり，このため**TCP**（Transmission Control Protocol）というプロトコルが用いられる．このプ

ロトコルは**トランスポート層**と呼ばれる．第4層のプロトコルとしては，確認手順などのない簡易なプロトコルである，**UDP**（User Datagram Protocol）もよく用いられる．

IPとTCPは，いろいろなインターネットのサービス（乗客）に共通に利用される機能であるので，コンピュータのOSに含まれている．

このようにプロトコルは機能により5つのグループに分類される．各グループは**層**（**レイヤ**，layer）と呼ばれ，表5.1に示すように，5つのグループは階層になっているので，**階層構造**という．

表 5.1 プロトコルの階層構造

階層	主なプロトコル
アプリケーション層	HTTP，SMTP
トランスポート層	TCP，UDP
ネットワーク層	IP
データリンク層	イーサネット
物理層	光ファイバ，銅線ケーブルなど

各プロトコルの詳細な説明をする前に，IP，TCP，HTTPがどのように連携して利用者のコンピュータ上にWebページを表示するかをみてみよう．図5.3に概要を示す．ただし，URLを基にDNSサーバからIPアドレスを取得する部分は省略している．

① 利用者が自分の見たいWebページのURLをWebブラウザに入力する．WebブラウザとOSにより，DNSサーバから目指すWebサーバのIPアドレスが取得されているとする．

② Webブラウザは，IPアドレスとアプリケーションの種別を表すポート番号をOSに渡し，Webサーバとの接続を依頼する．

③ OSはTCPを起動し，TCPは接続要求を含んだTCPセグメント（TCPでの転送単位）をIPに渡す．

④ IPはTCPセグメントをIPパケットに包み，IPアドレスを元に，Webサーバ

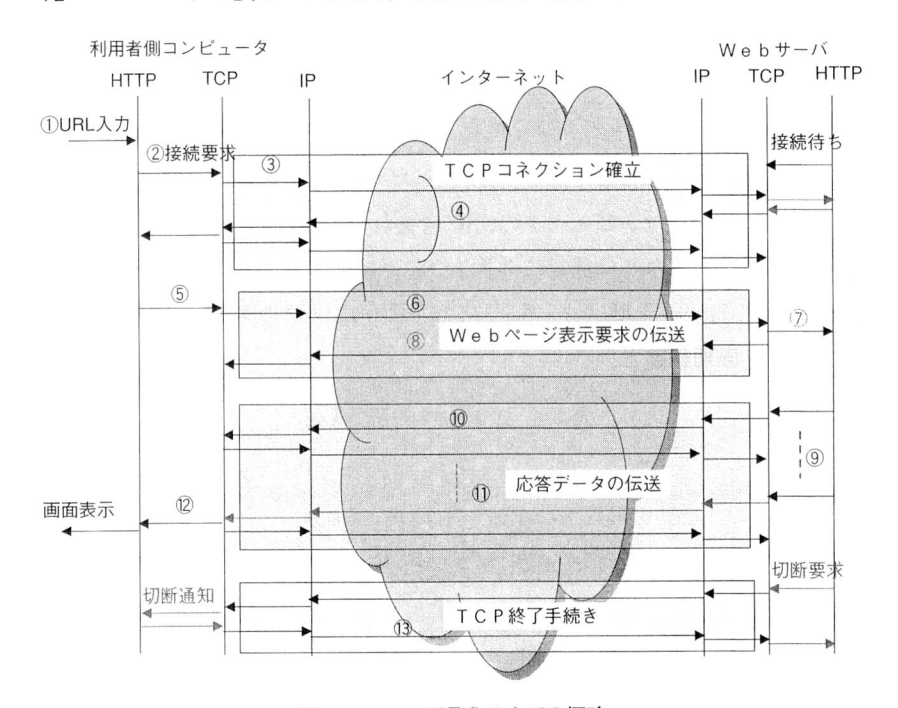

図 5.3　Webが見えるまでの概略

までの経路を探して，このIPパケット（IPデータグラムとも呼ばれる）を運ぶ．Webサーバと利用者のコンピュータ間ではTCPの規約に従って一連の通信が行われ，Webサーバと利用者のコンピュータ間にTCPの通信が成立する．これを**TCPコネクション確立**という．

⑤　Webブラウザは，HTTPによりWebページの表示要求をTCPに渡す．
⑥　TCPはTCPセグメントをIPに渡し，IPは④と同様WebサーバまでIPパケットを運ぶ．
⑦　Webサーバ側のTCPは受信したTCPセグメントが正常であれば，ポート番号を見て，Webアプリケーションに対して受信したHTTP情報を渡すとともに，送信側に対してTCPの確認応答（ACK）をIPに渡す．
⑧　IPは利用者のコンピュータまでの戻りの経路を探し，このACKの入ったTCPセグメントを運ぶ．利用者のコンピュータのTCPは，返送された

ACKにより，⑥で送ったデータが正しく相手に届いたことがわかる．さらに送るデータがあればIPに渡す．
⑨ ⑦でHTTPのWebページ表示要求を受信したWebアプリケーションは，表示要求に対するHTTPの応答を作成し，TCPに渡す．
⑩ TCPはHTTPのデータ量に応じて1つ，または複数のTCPセグメントを作成し，これをIPに渡す．IPはこのデータを利用者のコンピュータまで運ぶ．
⑪ 利用者のコンピュータとWebサーバのTCPでは，規約に従って会話を続け，HTTPの応答データを利用者のコンピュータに送る．
⑫ 利用者のコンピュータでは，TCPが受け取ったHTTPのデータを正しく復元し，Webブラウザに渡すと，Webブラウザはそれを表示する．
⑬ WebサーバのTCPは，送るデータがなくなれば，終了通知を利用者側のコンピュータに送り，両者間でTCPコネクション終了の手続きを行う．

ここで説明した流れは，大変複雑に見えるが，各層のプロトコルは，他の層のプロトコルと機能的に独立しているので，それぞれは自分の役割を果す仕事だけを行えばよいことになる．以下各層のプロトコル毎に機能を説明する．ただし，インターネットで，どのようにして通信が実現できるのかを理解するためには，各プロトコルの連携を理解することも重要である．

5.2 IPネットワーク

インターネットの特徴は，情報の転送技術であるIPに起因するといっても過言ではない．そこで，ネットワーク層プロトコルであるIPを中心として，IPネットワークについて説明する．

コンピュータやルータに接続されているそれぞれの通信路を，外部との出入り口という意味で"**インタフェース**"と呼ぶ．あるコンピュータのインタフェースがイーサネット（6章参照）であったとすると，ケーブルの中では"1"と"0"の信号が続くが，送られるべき情報信号は図5.4のような塊の形で送られている．5.1節でいろいろなプロトコルが階層になっていることを学んだが，実際に運ば

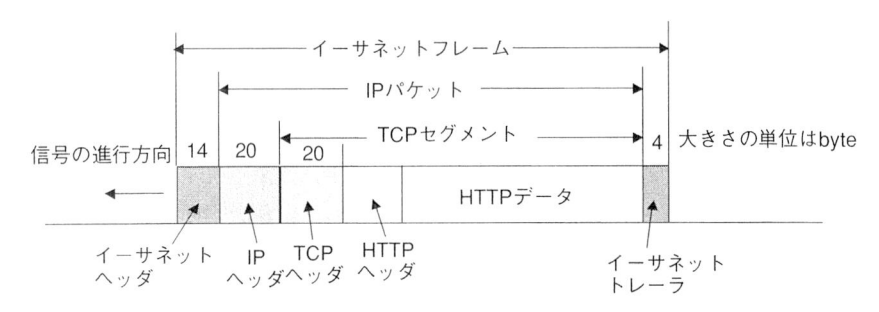

5 電子メールが届く，Webで世界中の情報を手に入れる

図5.4 ネットワーク上の信号の形態

（図中のラベル：信号の進行方向／イーサネットフレーム／IPパケット／TCPセグメント／14／20／20／4／大きさの単位はbyte／HTTPデータ／イーサネットヘッダ／IPヘッダ／TCPヘッダ／HTTPヘッダ／イーサネットトレーラ）

れる情報をみると，上の層の情報信号が下の層の運ぶべき荷物として，その層の情報内に埋め込まれていることがわかる．これを**カプセル化**という．

いま送るべき荷物，すなわち情報信号が5.1節の手順⑥であるとする．一番内側はHTTPのデータとヘッダであり，Webページの表示要求に対応する信号である．ここで，ヘッダには制御のための情報が納められている．これにTCPヘッダが付け加えられ，TCPセグメントが構成される．TCPヘッダには②で渡されたポート番号が入っている．TCPセグメントにIPヘッダが付け加えられてIPパケットが構成される．IPヘッダには②で渡されたWebサーバのIPアドレスが入っている．

インターネットの特徴の1つは，どんな情報でも，たとえ音声や映像のような連続信号でも，情報をパケットで運ぶことである．パケットとは，情報を分割し，小包のようなかたまりにしたものである．パケットは一般的にデータと**ヘッダ**で構成される．

インターネットでは，情報はIPパケットにより転送される．IPパケットのヘッダには，宛先を示すIPアドレスが収められている．図5.5に示すように，ネットワークの中には**ルータ**が置かれ，ルータには宛先IPアドレスと出力インタフェースの対応を示す**経路表**がある．宛先IPアドレスによりIPパケットの出力インタフェースが経路表から見つけ出され，次のルータに送られる．このような操作が順次行われ，宛先にIPパケットが届けられる．

電話ネットワークの場合には，相手の電話番号をダイアルすると，電話をした

5.2 IPネットワーク

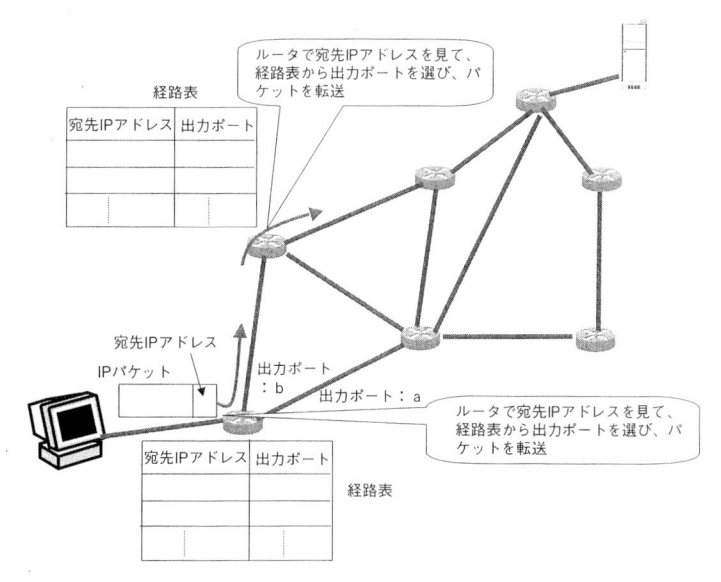

図 5.5 IPネットワークの概要

人とされた人の間に通信経路が確保され，電話が終わるまで保持される．このように情報のやり取りをする前に通信経路を確立する方式を**コネクション型**と呼ぶ．この方式では，コネクションの確立手順は複雑になるが，いったん接続されれば通信経路が確保されるので，信頼性の高い通信を提供できる．

これに対してIPネットワークでは，通信経路を確保するということはなく，パケット毎にルータがつぎのルータを選択して，パケットを送出し，結果として相手にパケットが届くという方法がとられている．このような方式を**コネクションレス型**と呼ぶ．この方式は，各ルータが独立に動作してもパケットを届けられるので，パケット転送の手順は簡易でよい．しかし，パケットが転送される途中で通信経路が塞がり，パケットが紛失するということも起こりえるので，情報を必ず伝送できるという保証はない．このように，パケット転送において，できる限りの努力をして転送するが，相手に届く保障はできないという通信形態を**ベストエフォート**と呼び，現在のインターネットの基本的な通信形態を表す用語として用いられている．

IPネットワークでは，どの機器が階層構造のどのプロトコルまでを利用しているかを理解するために，図5.6に示す図が良く用いられる．ネットワークの両端のコンピュータやサーバは，当然物理層からアプリケーション層までを利用する．ルータはネットワーク層までの処理を行い，トランスポート層以上に対しては何の処理も行わない．また，LANスイッチは，データリンク層までの処理を行うが，ネットワーク層以上に対しては何の処理も行わない．このようにデータリンク層まで処理する装置を**ブリッジ**やLANスイッチという．さらに下の物理層の処理のみを行う装置は**リピータ**といわれる．この例からわかるように，一般的にトランスポート層以上はエンド-エンド（両端の利用者と利用者，利用者とサーバなど）にまかされている．

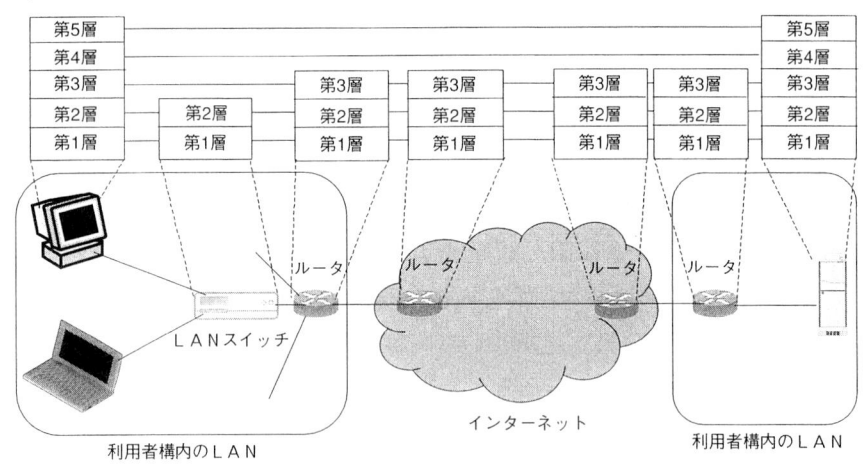

図 5.6 IPネットワークとプロトコル階層構造の関係
第1層：物理層，第2層データリンク層，第3層：ネットワーク層，
第4層：トランスポート層，第5層：アプリケーション層

5.3 インターネットの運転手：IP

IPは情報を宛先に届ける，いわばインターネット内での運転手に相当する機能を果たすプロトコルである．その機能の概要はつぎの通りである．

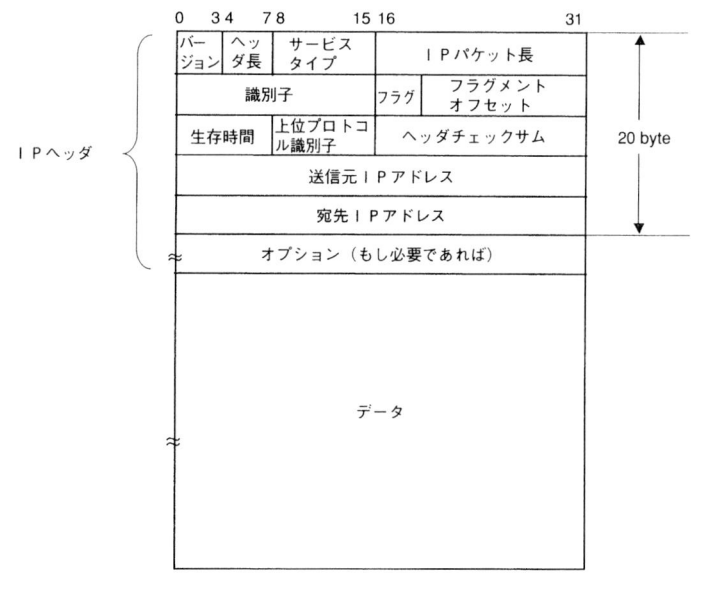

5.3.1 IPパケット

IPパケットの構成を図5.7に示す．IPヘッダは20byteである．IPパケットは可変長であり，最大65,535byteであり，その大きさがヘッダのIPパケット長フィールドに表示される．

実際にネットワークの中をIPパケットが転送されるとき，送信側で生成されたIPパケットが，そのまま転送されるとは限らない．図5.4でIPパケットはデータリンク層の転送単位（通常，フレームとよぶ）に入れられて転送されることを説明した．データリンク層が運べる大きさには制限があり，例えばイーサネットでは，1500byteである（図5.4のIPパケット部分の大きさ）．この値を**MTU**（Maximum Transmission Unit）という．

バージョン	ヘッダ長	サービスタイプ	IPパケット長
識別子		フラグ	フラグメントオフセット
生存時間	上位プロトコル識別子	ヘッダチェックサム	
送信元IPアドレス			
宛先IPアドレス			
オプション（もし必要であれば）			
データ			

図 5.7 IPパケットの構成

5.3.2 IPアドレス

IPアドレスは32bitである．インターネットは，多数のネットワークがつながれ

て実現されているが，IPアドレスは，宛先のコンピュータが属するネットワークを表わす**ネット番号**と，そのネットワーク内の機器を識別する**ホスト番号**とに分けられる．IPアドレスの表記法は図5.8に示すように，32bitを1 byte（8 bit）毎に分け，各々を10進数で表示し，205.58.156.15というように，4つの10進数をピリオド（.）で結ぶ方法が用いられている．

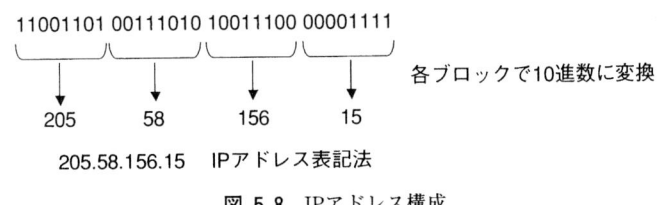

```
11001101 00111010 10011100 00001111
   ↓        ↓        ↓        ↓       各ブロックで10進数に変換
  205       58      156       15
205.58.156.15    IPアドレス表記法
```

図 5.8　IPアドレス構成

5.3.3　ルーティング

次にIPパケットが宛先まで届けられる経路の決め方について説明する．経路を決めることを**ルーティング**という．これは5.2節で説明したルータの経路表を作ることである．

ルーティング方式は2種類に分類される．

① **静的ルーティング**（static routing）

　　管理者などが手動で経路表を作成する方式であり，小さいネットワークには適用できる．しかし，ネットワークの故障時の対応や，設定間違いなど管理が大変である．

② **動的ルーティング**（dynamic routing）

　　ルータが自動で最適な経路を探し，経路表を作成する方式である．定期的に最適な経路を更新することにより，ネットワークの故障時には，これを避けた経路を設定できる．

最適な経路を探すプロトコルが**ルーティングプロトコル**である．

ルーティングは，例えば自動車で旅行するとき，目的地までどのような道路を通るかを探すことと似ている．この場合，できるだけ短い距離で到着できる経路，あるいは渋滞がないような経路を選ぶであろう．ルーティングの場合も同様であ

り，経由するルータ数が少ない経路や，帯域が広い通信リンクを通過する経路を選択できるようにする．代表的プロトコルに，**RIP**（Routing Information Protocol）や**OSPF**（Open Shortest Path First）がある．

これまで，IPは自動車の運転手に例えた．しかし，情報を運ぶIPパケットが自分で経路を見つけるのではなく，情報の転送とは独立なルーティングプロトコルによって経路が決められており，情報を載せたIPパケットは，その経路情報によって転送されているだけとも考えられる．この意味でいわばナビゲーションによって決められた経路を走る自動運転の車にたとえたほうがわかりやすいかもしれない．

5.4 インターネットのツアーコンダクタ：TCP

エンド-エンドで品質の良いデータ通信機能を制御するのが，トランスポート層のプロトコルの役割である．本節ではTCPを説明し，さらにトランスポート層のもう1つのプロトコルであるUDPについても簡単に説明する．

5.4.1 TCP

(1) **TCPの基本機能**

インターネットでは，情報はIPパケットにより順次ルータを経由して転送されるが，途中で紛失することもありうる．また，一連の情報が複数のIPパケットに分割されて送られることもあるので，すべてが正しく宛先に到着するという保証もない．そこで，正しく宛先に情報が届いたかどうかを管理する必要があり，その働きをするプロトコルがTCPである．

図5.9に示すように，アプリケーションのデータにTCPヘッダが付加されてTCPセグメントが生成される．TCPデータ部分の最大値が**MSS**（Maximum Segment Size）である．MSSの大きさにあわせてアプリケーションのデータが分割され，TCPセグメントを構成し，IPに渡される．TCPセグメントの構成を図5.10に示す．

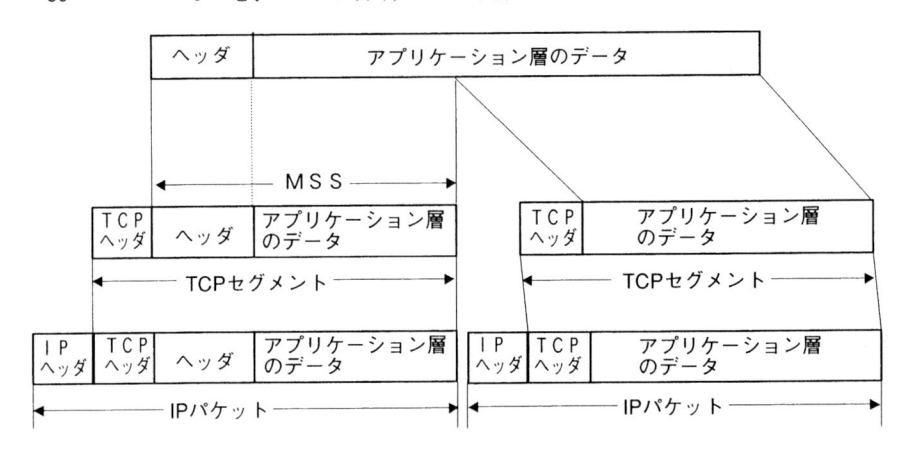

5 電子メールが届く，Webで世界中の情報を手に入れる

図 5.9 TCPセグメントの生成とIPパケット

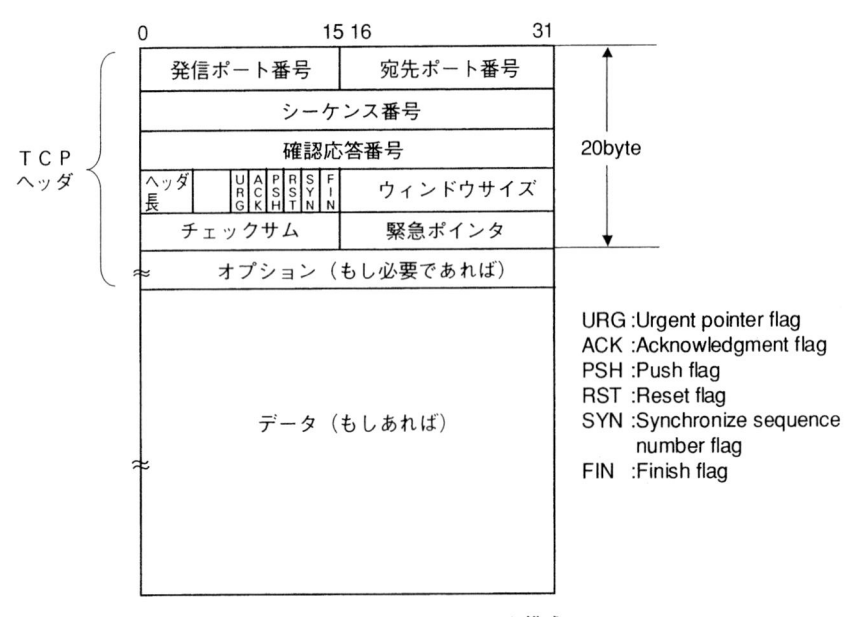

MSS: Maximum Segment Size

図 5.10 TCPセグメント構成

URG : Urgent pointer flag
ACK : Acknowledgment flag
PSH : Push flag
RST : Reset flag
SYN : Synchronize sequence number flag
FIN : Finish flag

通信品質を保証するために，TCPは**コネクション型**通信を行っている．5.1節でWebを見る例を説明したが，手順④で情報を送る前にTCPコネクションの確立

を行い，手順⑬でTCPコネクションの終了を行っていた．これはTCPが一連の運ばれる情報をすべてきちんと管理するコネクション型であるために，このような手順が必要だったのである．

TCPの主な機能は，情報が正しく相手に届いたかどうかを確認し，送り手側に返す機能（**確認応答**），情報が正しく届かなかった場合には，再度情報を送り直す機能（**再送制御**），ネットワークが混雑しないように，送り手側で送り出す情報量を制御する機能（**輻輳制御**），受信側のバッファ容量を超えないように，送信量を制御する機能（**フロー制御**），情報の誤りを検出したり，情報の順序を正しく並べなおす機能などである．同時に複数のアプリケーションを運べるよう，TCPヘッダ上にアプリケーションを識別するための**ポート番号**が記される．なお，標準的なプロトコルでは，例えばWebなら80，電子メールなら25と，利用するポート番号が決められている．

(2) データ送受信の基本動作

データ送受信に対するTCPの基本動作は以下の通りである．
① 受信側はTCPヘッダの誤り検出機能（チェックサム）により，TCPセグメント全体の誤り検出を行い，誤りがあればセグメントを廃棄する．
② IPパケットは順序どおり到着するとは限らないので，TCPヘッダのシーケンス番号により正しい順序に並べ替えて，アプリケーションにデータを渡す．
③ 受信側が正しいシーケンス番号のデータを受信した場合には，TCPヘッダの確認応答（**ACK**：acknowledgement）を"1"とし，確認応答番号につぎに受信を期待するシーケンス番号を記入して，TCPセグメントを送信側に返す．しかし，誤ったデータの場合には何も返送しない．
④ 送信側はACKが戻った場合には，記入されたシーケンス番号に従い，つぎのTCPセグメントを送る．

この様子を図5.11に示すが，このように，個々のセグメントの送達を確認する方法では，両端間の距離が長い場合には，すべてのデータを送り終わるまでに時

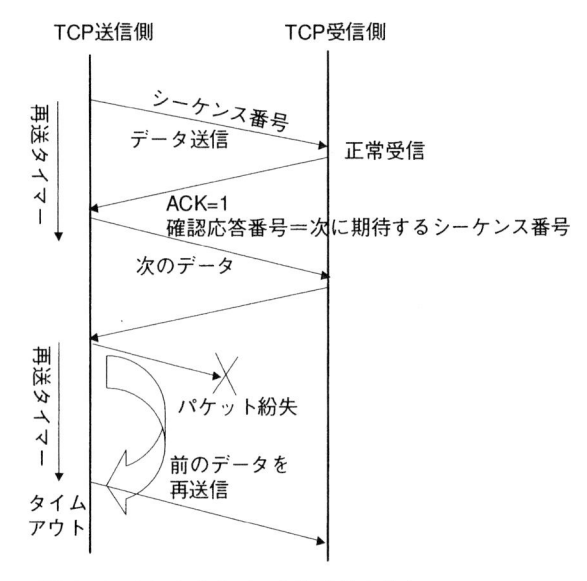

```
                    TCP送信側                TCP受信側
              ┌───  ┌──シーケンス番号─→┐
              │    │ データ送信         │ 正常受信
              │タイマー
              │    │←─ACK=1──────────┤
              ↓    │ 確認応答番号=次に期待するシーケンス番号
                   │──次のデータ──────→│
              ┌─タイマー
              │    │──────×         │ パケット紛失
              │    │←前のデータを
              ↓タイム  再送信
                アウト
```

図 5.11 TCPによるデータ送受信の基本

間がかかり，効率が悪くなる．そこで，送信側はACKがこなくとも複数のTCPセグメントを連続的に送信できるウィンドウ制御という仕組みを持つ．これにより**スループット**（単位時間に送れるデータ量）を上げることができる．

(3) **再送制御**

TCPでは受信したデータが誤っていたり，データが届かなかったときに，再度データを送りなおす**再送制御**を行っており，信頼性の高いデータ通信を可能としている．TCPは，データが正しく受信側に届いた場合にACKを送信側に戻すが，正しく届かなかった場合の通知情報は持たない方式である．そこで，受信側にデータが届かなかったことを送信側が知る方法として，再送タイマー方式を用いている．

TCPはデータをセグメントに載せて送信するときに**再送タイマー**を設定する．図5.11に示すように，送信側は再送タイマーを監視し，設定した時間以内にACKパケットが届かない場合（**タイムアウト**）には，受信側にデータが正しく届かな

かったと判断して，再度同一データを送信する．

(4) 輻輳制御

IPネットワークでは，各IPパケットは独立に動作しているので，ある一箇所のルータにIPパケットが集中することもある．この状態を**輻輳**という．ルータは到着したIPパケットをいったんバッファメモリに保存し，経路表に従って適当なインタフェースに送り出す．しかし，IPパケットが集中するとバッファメモリの容量を超えてしまうので，IPパケットは廃棄される．すると(2)で説明したように，TCPの再送制御によりIPパケットが再送され，ネットワーク内のIPパケット数が増加し，輻輳状態が一層激しくなることがある．

このような状態を避けるために，TCPは**輻輳ウィンドウ**というパラメータにより，輻輳が発生している場合には，送信するIPパケット数を制御する．

この機構によって，ネットワーク内の混みあっている部分を通過するデータ量を自主規制し，ネットワークの転送容量の効率的な利用が実現されている．

5.4.2 UDP

UDP（User Datagram Protocol）は，TCPのような確認応答，再送制御，輻輳制御などの機能を持たない簡易なプロトコルである．同時に複数のアプリケー

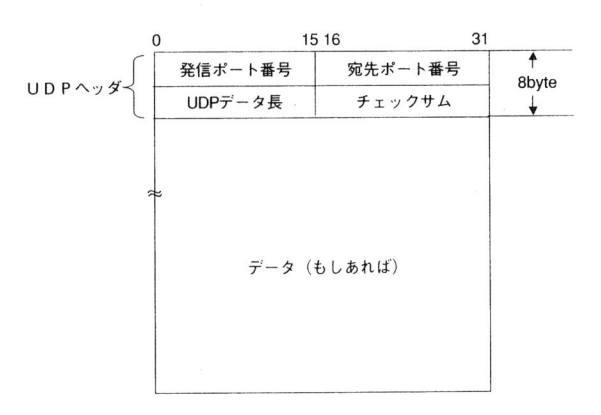

UDPヘッダ	0	15 16	31	
	発信ポート番号		宛先ポート番号	8byte
	UDPデータ長		チェックサム	
	データ（もしあれば）			

図 5.12 UDPセグメント構成

ションを運べるように，TCPと同じく，UDPヘッダ上にアプリケーションを識別する**ポート番号**が記されるようになっている．図5.12にUDPセグメント構成を示す．UDPヘッダは8byteである．確認応答などの機能を持たないので，正しく伝達されたかどうかを確かめることは，アプリケーションに任されている．また，確認応答を行わないので遅延が少なく，映像や音声のようなリアルタイム性が必要なサービスに適している．

5.5 インターネットとは

この章では，インターネットの基本技術とその基本技術がどのように組み合わされて，Webを見たり，電子メールで通信ができるかについて学んだ．これらのインターネット基本技術をまとめると以下の通りとなる．

1) インターネットでは，IPアドレスが宛先を表示している．
2) コンピュータ同士で正しく通信が行えるためには，インターネットの各種機器間での約束事，すなわち文法にあたる対話の仕方と，言葉に対応する情報の表現法を決めておくことが必要であり，この約束事を**プロトコル**という．プロトコルは機能に応じて階層化されている．
3) インターネットを特徴付けるプロトコルが，トランスポート層とネットワーク層であり，各々の代表的なプロトコルがTCPとIPである．
4) IPは，通信相手先までの経路を見出し，データ情報を相手先に届ける役目を持つプロトコルである．また，IPパケットを宛先まで届ける装置がルータである．ルータはルーティングプロトコルにより作成した経路情報を保有し，この経路情報に従ってIPパケットをつぎのルータに届ける働きをする．
5) TCPは，データが正しく届いたかどうかの確認を行い，さらに輻輳を避けるための送信情報量の制御などの機能を持ち，信頼性を要求するサービスに対して用いられる．

6) 通信方式には，通信を始める前に発信者と受信者の間に通信路を確保し，通信中はその通信路を保持するコネクション型と，事前に通信路を確保することなく，情報が発生するごとに経路を見つけて情報を伝達するコネクションレス型がある．IPを用いた通信はコネクションレス型であり，また相手に届く保障がないベストエフォートであるために，通信品質は必ずしも保証されない．

【演 習 問 題】

[5.1] インターネットを利用するためにコンピュータが備える主な要素を列挙せよ．

[5.2] コネクション型とコネクションレス型について説明せよ．

[5.3] ネットワーク層のプロトコルの例を挙げ，その役割を説明せよ．

[5.4] トランスポート層のプロトコルを1つ挙げ，その役割を説明せよ．

[5.5] UDPはどのような利用法がされるか，その例と，UDPが用いられる理由を説明せよ．

[5.6] インターネットは品質が保証されていないといわれる．その理由を考察せよ．

大学内のネットワークはどう構成されるか
－LANの仕組み－

5章でインターネットの仕組みを学んだ．このインターネットにコンピュータをはじめとする情報機器を接続するアクセスネットワークとして利用される重要なものに，LAN（Local Area Network）がある．LANは，大学のキャンパスや企業の事業所内，工場などで広く使用されており，効率的な利用を重視して構築されている．本章ではLANの仕組みと，インターネットにどのように接続されるかについて学ぶ．

6.1 LANの基本

　LANは大学のキャンパス内や企業の事業所内というように，限られた範囲でコンピュータ間通信を行うための，分散コンピュータネットワーク技術として開発された．このため，電話会社が運用する基幹ネットワークとは，設計思想が根本的に異なっている．

　基幹ネットワークは，多くの人達が共同利用する社会的インフラストラクチャであるので，高い品質を保ち，短時間の故障も許容されず，さらに故障が発生した場合には，できるだけ早く故障から回復できるように，運用管理を充実させなければならないという条件のもとに設計，構築されている．そのために，ややもするとコストが高くなりがちである．

　これに対して，LANは，利用者が自分の責任で構築するネットワークであるので，品質や運用性よりもコストを重視した設計となっている．しかし，通信の主

流となってきたインターネットは，相手に届く保障のないベストエフォート型のネットワークであり，基幹ネットワークに対してもそれほど高い品質を要求しない．このために，基幹ネットワークを安く実現するために，LAN技術が使われるようになっている．

分散コンピュータネットワーク技術は，1960年代後半から研究が行われ始めた．同じ頃，ハワイ大学で，アロハ（Aloha）ネットワークと呼ばれる無線ネットワークが開発された．Alohaステーションは好きなときに情報を送信でき，送信後に受信側から確認（ACK）を待つという方式であった．このAlohaネットワークを参考にして**イーサネット**（ethernet）と呼ばれる方式が，1976年にゼロックス社のパロアルト研究所で開発された．このデータ送信方式が，**CSMA/CD**（Carrier Sense Multiple Access with Collision Detection）といわれる．これにより1本のケーブルに複数の情報機器（ステーション）を接続するだけで，特に中央司令塔のような制御機能も必要としない，非常に低コストの分散ネットワークが実現できた．

イーサネットはケーブルを用いる有線LANであるが，パーソナルコンピュータを持ち歩き，どこでも自由にインターネットを利用したいという要望が強くなり，無線を用いる**無線LAN**としても発展している．

LANは一般的に1つの伝送媒体（ケーブルや無線）を複数のステーションで共有し，分散制御により低コストのシステムを実現していることに特徴を有する．CSMA/CDのような伝送媒体共有方法がLAN技術の心臓部となっている．共有するための方法は，**媒体アクセス制御**（Media Access Control：MAC）と呼ばれる．

本章では，代表的LAN方式であるイーサネットと無線LAN技術を学び，LANを用いてどのようにインターネットに接続しているかの仕組みを理解する．

6.2 イーサネット

6.2.1 イーサネットの歴史

イーサネットは，IEEE（米国電気電子学会の略称．アイトリプルイーと呼ぶ）で標準化されており，IEEE802.3ワーキンググループが標準化作業を行っている．そのため，規格名称がIEEE802.3といわれる．イーサネットの種別は何種類かある．その規格の一例を表6.1に示す．ここで10BASE-Tとか100BASE-TXと呼ばれる最初の10とか100という数字は，Mbit/sを単位とする伝送速度を示す．"-"の後の文字はケーブルの種別を示し，TはケーブルとしてTwisted pair，すなわち2本の銅線を撚り線（twisted）にしたケーブルを用いる方式を示す．100Mbit/s，1Gbit/sおよび10Gbit/sのイーサネットでは，光ファイバを用いる方式もある．

表 6.1 主なイーサネットの種類

方式名	制定年	速度	使用ケーブル	記事
10BASE 5	1983年	10Mbit/s	同軸ケーブル	
10BASE-T	1990年	10Mbit/s	UTPケーブル	半2重型通信
	1997年	10Mbit/s	UTPケーブル	全2重型通信
100BASE-TX	1995年	100Mbit/s	UTPケーブル	ファストイーサネット
100BASE-FX	1995年	100Mbit/s	光ファイバケーブル	
1000BASE-SX/LX	1998年	1Gbit/s	光ファイバケーブル	ギガビットイーサネット
1000BASE-T	1998年	1Gbit/s	UTPケーブル	
10GBASE-SR	2002年	10Gbit/s	光ファイバケーブル	
10GBASE-T	2006年	10Gbit/s	UTP/STPケーブル	

UTP : Unshielded Twisted Pair Cable（シールドなしツイストペアケーブル）

1983年に標準化された10BASE 5 は，図6.1(a)に示すように，1本のケーブルに複数のステーションが接続され，10Mbit/sで動作するものであった．各ステーションが，CSMA/CDを用いて1本のケーブルを共有する方式である．1990年に標準化された10BASE-Tは，図6.1(b)のように，2対の撚り線ペアケーブルを用いて10Mbit/sで動作するものである．これは**リピータハブ**と呼ばれる装置を用いたスター型であるが，各ステーションがあたかも1本のケーブルに接続されているような形態となっている．このためリピータハブに接続されたステーションから送出するパケット間では，衝突が起こりうる．言い換えれば，これらの方式は，複数のステーションで10Mbit/sという帯域を分け合っていることになる．また，この場合は半2重型通信といい，送信と受信を同時に行うことはできず，交互に行われる．

これに対して，1997年に追加された規格により，図6.1(c)のようなLANスイッチを用いるスター型構成が使われるようになった．**LANスイッチ**の各ポートには1個ずつのステーションが接続され，リピータハブとは異なり，ポート間での衝

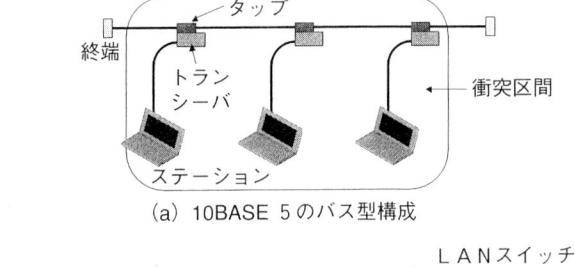

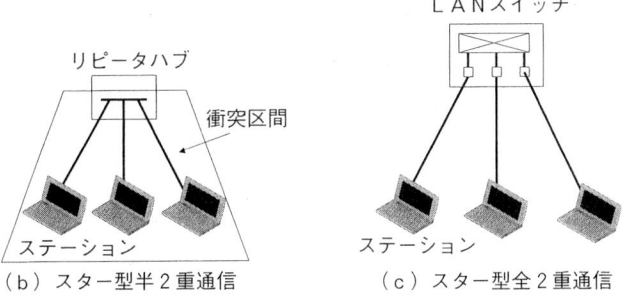

(a) 10BASE 5のバス型構成

(b) スター型半2重通信

(c) スター型全2重通信

図 6.1　イーサネットの基本構成

突が発生しない仕組みとなっている．このため，CSMA/CDを用いない構成も可能になっている．これは各ステーションが10Mbit/sを占有していることに等しい．また，この場合は全2重型通信といい，送信と受信を同時に行うことができる．

イーサネットは一層高速化が進んでおり，2002年に10Gbit/s，2010年には40Gbit/s／10Gbit/sイーサネットの標準が制定された．

6.2.2 フレーム構成

情報は図6.2に示すようなイーサネットフレーム（あるいはMACフレーム）と呼ばれるパケットの形で運ばれる．先頭には7 byte（56bit）の**プリアンブル**と，1 byteのSFD（Start Frame Delimiter：**フレーム開始デリミタ**）と呼ばれるビット列が置かれる．10Mbit/sイーサネットでは，プリアンブルのビット列により，受信回路が励起されて受信準備に入り，データを受信できるようになる．フレーム開始デリミタ（SFD）は8 bitの決められたパターンであるので，そのパターンを受信することにより，フレームの先頭位置を識別できる．プリアンブルとフレーム開始デリミタは，62bitにわたり1と0が交互に繰り返される（101010．．．．．．．1011）パターンで，最後に1が2 bit連続する．

宛先アドレスと送信元アドレスは，各々イーサネットフレームの届け先と発信

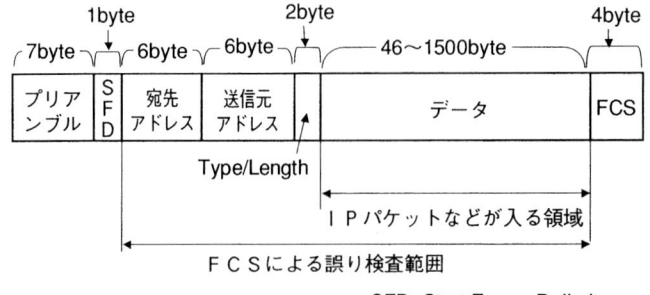

| 7byte | 1byte SFD | 6byte 宛先アドレス | 6byte 送信元アドレス (Type/Length) | 46〜1500byte データ | 4byte FCS |

図 6.2 イーサネットフレーム構成

SFD: Start Frame Delimiter
FCS: Frame Check Sequence

元のアドレスを示す．ここで用いるアドレスは，**MACアドレス**ともいわれ，イーサネットインタフェースカードに付与されたアドレスである．インタフェースカードの製造時に付与されており，世界中で同じ番号のインタフェースカードは存在しないようになっている．MACアドレスは48bit長であり，先頭から4bitずつに区切って16進数で表し，例えば「00-80-45-2A-9A-E4」などと表記される．MACアドレスにより，どのように通信が行われるかは6.5節で説明する．

データ部には5章で説明したIPパケットなどが入れられる．最大長は1500byteである．

FCS（Frame Check Sequence）は，宛先アドレスからデータ部までのビット列に対して，誤りがないかどうかの検査に用いられる．

5章で説明したプロトコル階層との対比でいうと，イーサネットフレームの機能がデータリンク層に相当する．

伝送路上の情報信号の形態は，イーサネットの種別によって異なるが，10BASE-Tの例を説明する．10BASE-Tでは図6.3に示すように，ビット"1"は前半「Low」，後半「High」，ビット"0"は前半「High」，後半「Low」という特殊な形式に変換される．さらに，イーサネットフレームが存在しない区間（インターフレームギャップ：IFGという）は「0」にされる．ケーブル上では「Low」を負電位，「High」を正電位，「0」をゼロ電位として電気信号が送出される．したがって，イーサネットフレームが存在するときは，電位が常に正と負の間で変化し，平均値すなわち直流レベルが0になる．これは，ケーブル上で長時間同じ

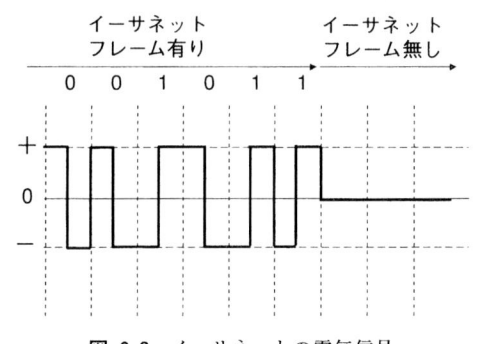

図 6.3 イーサネットの電気信号

電位が続くと，受信回路が正常に動作しなくなるために，それを避けるために考えられた工夫である．さらに，イーサネットフレームが存在しないときには，電気レベルが0であるので，電気レベルを検出することにより，ケーブル上にイーサネットフレームが存在するか否かを検出できる．このような電気信号の規定が物理層である．

6.2.3 CSMA/CD

イーサネットの媒体アクセス制御機能であるCSMA/CDについて説明する．これはプロトコル階層でいえばデータリンク層の1つの機能である．この機能は6.2.1項で説明したように，現在のイーサネットでは，必ずしも必要としなくなっているが，LANを特徴付ける基本技術である．

イーサネットに接続されたステーションは，送信したいデータがあると，イーサネットの伝送路上に，他のステーションが送出したデータが存在しないかどうかを調べる．これは6.2.2項で説明したように，そのステーションが接続されたイーサネットの伝送路の電気レベルをモニタすることにより判定できる．これが**搬送波検知**（Carrier Sense：CS）という機能である．この操作によりイーサネットの伝送路上にイーサネットフレームが存在しないことがわかれば，ステーションからデータを伝送路に送出する．複数のステーションが1つの伝送路を共有し

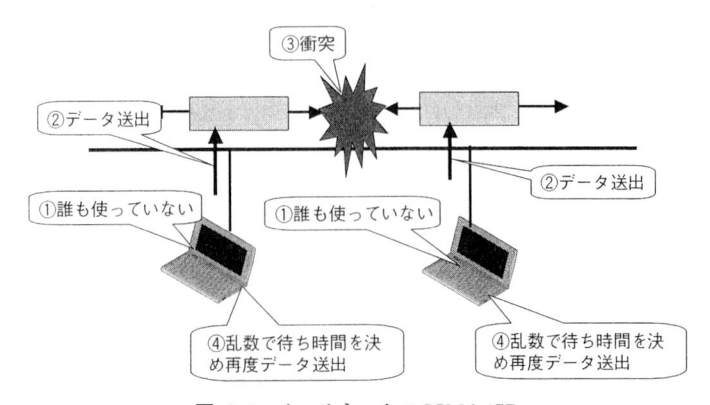

図 6.4　イーサネットのCSMA/CD

て情報を送出することを**多重アクセス**（Multiple Access：MA）という．

しかし，これで自分の持つ情報を送るのに成功したとは限らない．図6.4に示すように，複数のステーションが同時に搬送波検出を行い，伝送路が空いていると判断してイーサネットフレームを送出することがありうるからである．この現象が，これまで何回か出てきた**衝突**（collision）である．そこで，イーサネットではイーサネットフレームを送出したら，**衝突検出**（Collision Detection：CD）を行うことになっている．これも伝送路の波形を観測することにより検出できる．衝突を検出すると各ステーションは，各々が持つ乱数により待ち時間を決め，その時間が経過した後に再度イーサネットフレームを送出する．これにより，再度の衝突を防止している．

このような操作によっても非常に通信量が多いと，衝突の確率が増加するので，通信効率が低下する．しかし，新しい10BASE-Tの規格ができ，近年はLANスイッチ，あるいはスイッチングハブと呼ばれる装置を使う図6.1(c)のような構成が一般的になっている．LANスイッチでは，各ポート毎に１つのステーションがケーブルで接続され，衝突区間はポート毎に限定されているので，実質的に上記で説明したような衝突は発生せず，効率よく通信ができるようになっている．

6.3 無線LAN

6.3.1 無線LANとは

イーサネットを利用するためには，必ずコンピュータなどの情報機器はケーブルで接続する必要があった．しかし，ノートPCのように携帯性に優れたコンピュータが出現し，さらに携帯電話やPDA（Personal Digital Assistant）と呼ばれる携帯型情報機器が普及したため，どこからでもインターネットを使いたいという要望が強くなっている．このため，ケーブルを使わず，無線によりLANを構成する無線LANが普及するようになった．

無線LANもイーサネットなどと同じくIEEEが標準化を行っている．IEEE802.11ワーキンググループが担当しているので，規格名称として

（a）インフラストラクチャモード

（b）アドホックモード

図 6.5 無線LAN構成

IEEE802.11が使われている．無線LANは図6.5のように，基地局（アクセスポイント）とコンピュータなどの情報機器（ステーション）により構成される．コンピュータなどには，無線LANに接続するための機能を果たす無線LANカードが搭載される．そして，アクセスポイントは6.4節で説明するブリッジ機能を果たし，イーサネットなどを経由してインターネットに接続される．この形態は**インフラストラクチャモード**といわれる．また，コンピュータ同士が直接通信をすることも可能で，この形態は**アドホックモード**といわれる．

　無線LANであるので，どの無線周波数を使用するか決めなければならない．現在，規格化されている無線LAN方式では，表6.2に示すように，2.4GHz帯と5GHz帯を用いている．最初に規格化された802.11b方式では，2.4GHz帯を用いて最大で11Mbit/sの伝送が可能であった．その後，高速化の技術開発が進められ，5GHz帯を使用して最大54Mbit/sの伝送が可能な802.11aと，2.4GHz帯を用いて

6.3 無線LAN

表 6.2 無線LAN方式

方式名	IEEE802.11a	IEEE802.11b	IEEE802.11g	IEEE802.11n
使用周波数帯	5GHz帯	2.4GHz帯	2.4GHz帯	2.4GHz/5GHz帯
最大伝送速度	54Mbit/s	11Mbit/s	54Mbit/s	600Mbit/s
制定年	1999年	1999年	2003年	2009年

最大54Mbit/sの伝送が可能な802.11gが標準化されている．さらに，最大600Mbit/sの伝送が可能な802.11nも標準化されている．

6.3.2 LANの無線通信技術

無線LANの第1層について，最初に実用化された802.11bを例に説明する．

利用する周波数は2.4GHz帯で，5MHz間隔（14番目だけは12MHz間隔）に14個が決められている．これらはチャネルと呼ばれる．802.11bでは，1つの通信に22MHzの帯域を必要とする．そこで，実際にはチャネル1，チャネル6，チャネル11，チャネル14の4つのチャネルが利用される．したがって，同じ部屋に2つの

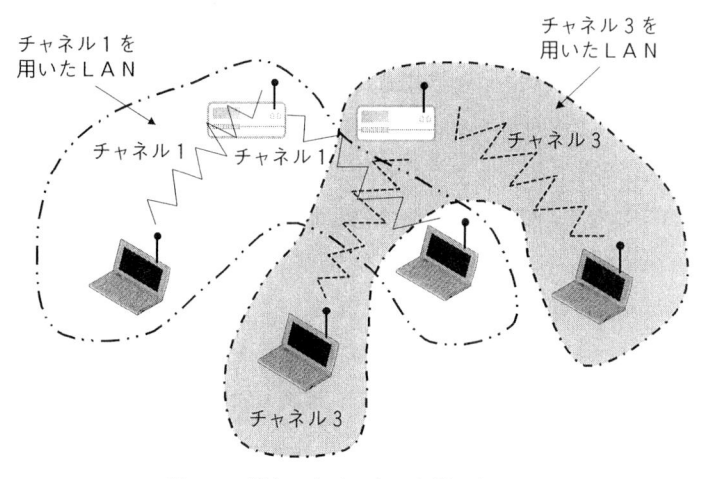

図 6.6 異なったチャネルを用いたLAN

アクセスポイントがあっても，図6.6のようにお互いに別のチャネルを使えば，異なったLANとして混信することなく利用できる．

限られた周波数帯域の中で高速な通信を可能とするために，高度な無線技術が使われている．無線LANでは**スペクトル拡散**（Spread Spectrum：SS）といわれる技術が用いられている．これは情報信号が利用する周波数帯域を広げることにより，雑音などの妨害に対する耐性を強め，通信の効率を高くしようとする技術である．詳細な説明は省くが，最初にディジタル信号を伝送する周波数帯の電波に載せる操作が行われる．この変換操作は通信技術で一般的に使われる変調であり，つぎにもう1回変調が行われるので1次変調といわれる．ついで，**直接拡散**と呼ばれるスペクトル拡散方式により2次変調が行われ，周波数帯域を広げて送信される．

6.3.3 無線LANの媒体アクセス制御

無線LANのデータリンク層の中のMAC機能について説明する．1つの無線LANの中には当然複数のステーションが存在する．この点はイーサネットと同じで，複数のステーション同士で競合しない仕組みが必要である．イーサネットでは，CSMA/CDが開発されたが，この方式をベースとして，無線LANでは**CSMA/CA**（Carrier Sense Multiple Access with Collision Avoidance）という方式が考案された．イーサネットの場合には，ケーブルを用いて接続されるので，衝突を検出することが可能であるが，無線の場合には電波が出ているか否かはわかるが，衝突が発生しているかどうかは検出できない．そのため，CD（Collision Detection）ではなく，CA（Collision Avoidance）という仕組みが開発された．

CSMA/CAを図6.7に示す．アクセスポイントおよびステーション（これらをまとめて無線局と呼ぶ）がデータを送信したいときは，搬送波検知モードに入り，どこかの無線局がデータを送信していないかどうかを検知する．これは電波の電力レベルを測定し，ある規定値以下であれば誰も使用していない空きの状態であると判断する．その後，**IFS**（Inter Frame Space）時間だけ待ち，無線局毎に乱数により**バックオフ時間**を決め，この間，空き状態であればデータを送信する．

伝送が成功すると相手局からACKを受信する．無線局毎にバックオフ時間が異なるので衝突を避けることができる．

無線LANカードには，イーサネットインタフェースカードと同じく，MACアドレスが付与されており，データの伝送に用いられる．

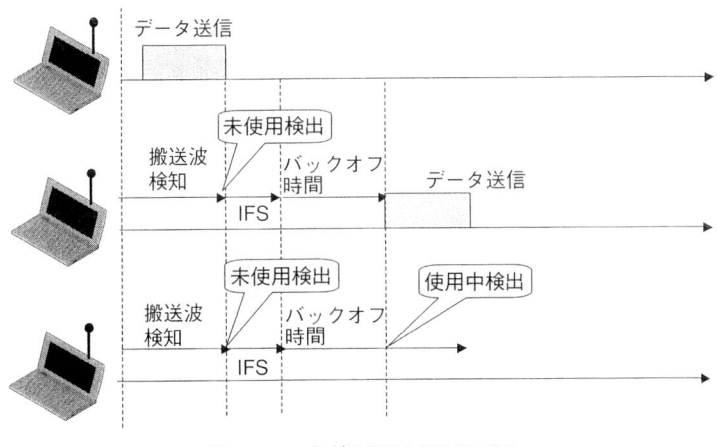

図 6.7　無線LANのCSMA/CA

6.4　LANの構成

初期のイーサネットは適用距離が限られ，また衝突により情報の転送特性が下がるなどの課題がある．また，大規模なLANになるほど管理が複雑である．これらを克服するためにいろいろな装置が開発されてきた．それらを整理しておこう．

(1)　リピータ

　　初期のイーサネットは，1本のケーブルを用いたバス型LANであった．ケーブルを伝送される電気信号は，距離が長くなると減衰する．そこで，ケーブルの途中にリピータを挿入し，減衰した電気信号を復元する．すなわち，LANの適用距離を延長する装置がリピータである．

(2) リピータハブ

　ハブとは，物を1箇所に集める中心点を指す．図6.1で説明したように，リピータハブからケーブルをスター上に配線し，ステーションから送信されたフレームを，リピータハブはコピーし，各ステーションに送る．したがって，リピータハブは機能的にはリピータと同様であるが，リピータハブを用いることにより，形状はスター型になり管理が容易になるが，電気的にはバス型LANと同一となる．

(3) ブリッジ

　ブリッジは，MACヘッダを解釈して，宛先のMACヘッダを持ったステーションが接続されたポートにのみフレームを転送する．ネットワーク層以上のプロトコルに対しては何の処理も行わない．したがって，図6.8(a)に示すように，異なったポートに接続されるステーション間では衝突は発生しない．このように，ブリッジは衝突区間を分割することにより，フレームの衝突確率を下げて，転送特性を向上させるために利用されている．

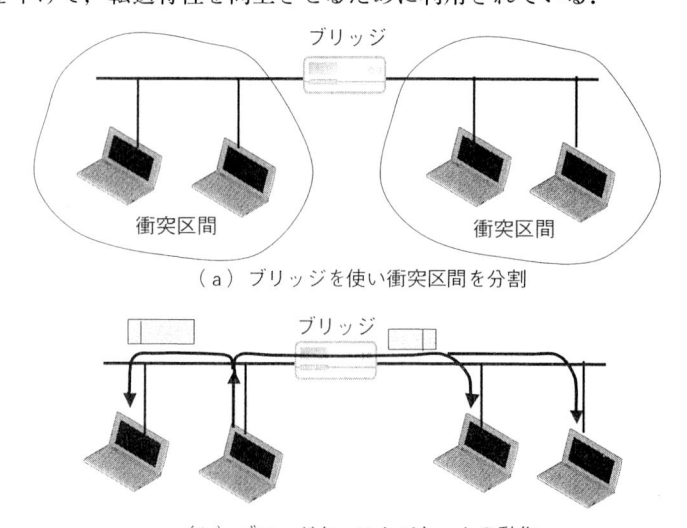

(a) ブリッジを使い衝突区間を分割

(b) ブロードキャストパケットの動作

図 6.8　ブリッジの機能

6.4 LANの構成

イーサネットフレームの種別としては，図6.8(b)に示すように，1つのステーションから他のすべてのステーションに情報を送るための，ブロードキャストと呼ばれるフレームがある．これは宛先MACアドレスをすべて"1"としたフレームである．ブリッジはこのフレームを受信すると，入力ポート以外のすべてのポートにこのフレームを転送する．

(4) **LANスイッチ**

スイッチングハブ，レイヤ2スイッチとも呼ばれる．機能はブリッジと同様であるが，ブリッジは各種処理をソフトウェアで行うのに対して，LANスイッチは，ハードウェアで処理するので高速な処理が可能である．また，一般的にはブリッジと比べて，ポート数が多く，図6.1(c)で示したようにスター型の接続に用いられる．

(5) **ルータ**

ルータはIPヘッダを解釈し，宛先IPアドレスを見てパケットの送出ポートを決める装置である．ブリッジとは異なり，ネットワーク層のIPでルーティングを行うので，データリンク層のブロードキャストフレームは通過させない．このため，データリンク層のブロードキャストによるネットワークの混雑を軽減することができるが，MACアドレスで直接通信することができなくなる．

(6) **レイヤ3スイッチ**

MACヘッダを処理するレイヤ2スイッチの機能に加え，IPヘッダを処理するルータの機能を併せ持つ装置である．ルータは各種処理をソフトウェアで行うのに対して，レイヤ3スイッチは，ハードウェアで行うので，高速な処理が可能である．

これらの装置を用いて構成したLANの動作例を説明する．転送特性を向上させ，LAN管理を容易にするために，図6.9に示すように，LANスイッチやルータ

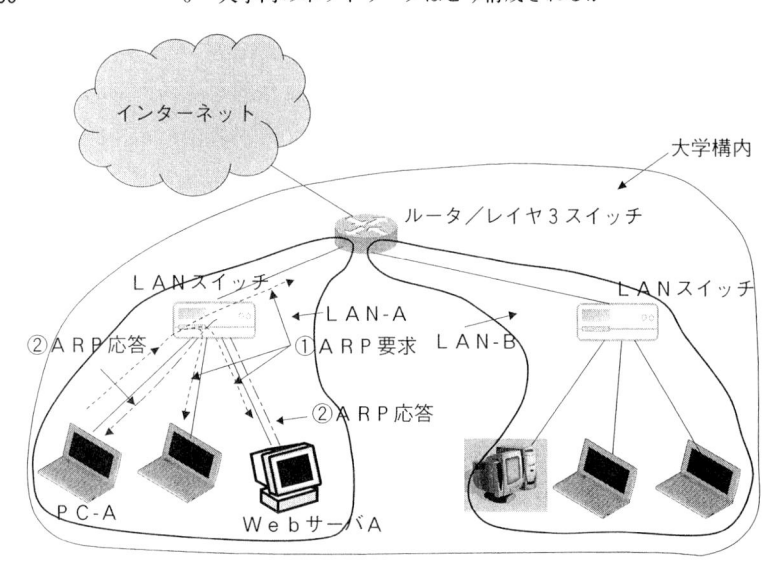

図 6.9 LANの構成例

/レイヤ3スイッチなどでLANを分割する．また，LANとインターネットの接続には，ルータ/レイヤ3スイッチが用いられる．

LANにおいてはMACアドレスが宛先を指定するアドレスである．しかし，多くのコンピュータは，通信相手の宛先アドレスとしてIPアドレスを用いる．このため，コンピュータがLAN内で通信するためには，相手のMACアドレスも知る必要がある．IPアドレスを基にMACアドレスを知るためのプロトコルが，**ARP**（Address Resolution Protocol）である．

図6.9でPC-Aが同じLAN内にあるWebサーバAと通信する場合を考える．WebサーバAのIPアドレスを10とする．PC-AはARP要求をLAN内に送信して，IPアドレスが10の装置のMACアドレスを調べる．ARPはMACヘッダの宛先アドレスをすべて"1"としたブロードキャストフレームを用いて転送される．データ部にはARP要求であることを示す番号と，問い合わせのIPアドレス値10が入っている．ブロードキャストフレームであるので，LANスイッチによりLAN-A内でPC-A以外のすべてのステーションにARP要求が転送される．

ARPを受信した装置は，ARPに書かれているIPアドレスと自分のIPアドレス

を比較し，一致した装置（ここではWebサーバA）だけが，自分のMACアドレスを書き込んだARP応答フレームを返送する．

この一連の操作により，PC-AはWebサーバAのMACアドレスが取得できたので，このMACアドレスを宛先アドレスとしたイーサネットフレームにIPパケットを包み，WebサーバAにデータを送ることができる．

6.5 LANとは

この章では，大学キャンパス内などのネットワークを構成しているイーサネットや，無線LAN技術について学んできた．これらのLAN基本技術をまとめると，以下の通りとなる．

1）LANは1つの伝送媒体（ケーブルや無線）を複数のステーションで共有し，分散制御により低コストのシステムを実現していることに特徴を有する．共有するための方法は，媒体アクセス制御（media access control：MAC）と呼ばれ，CSMA/CDがその代表的な方式である．
2）有線LANではイーサネットが代表的であり，10Mbit/sにはじまり，10Gbit/sの速度まで達している．
3）イーサネットでは，データはイーサネットフレーム，またはMACフレームと呼ばれるパケットの形で伝送される．イーサネットのアドレスは，MACアドレスと呼ばれる．
4）主要な無線LAN方式は，IEEE802.11aが5GHz帯で54Mbit/s，IEEE802.11bが2.4GHz帯で11Mbit/s，IEEE802.11gが2.4GHz帯で54Mbit/sとなっている．
5）無線LANの媒体アクセス制御はCSMA/CAである．
6）LANを構成する主な装置には，ブリッジ／LANスイッチ，ルータ／レイヤ3スイッチなどがある．ブリッジとルータの主な違いは，ブリッジはデータリンク層であるMACアドレスによりルーティングを行い，ルータはネットワーク層であるIPアドレスでルーティングを行うことである．

【演 習 問 題】

[6.1] イーサネットフレームの信号が1100101のときの電気信号を図示せよ．
[6.2] イーサネットの媒体アクセス制御CSMA/CDでデータを送信する方法を説明せよ．
[6.3] 現在使われている主な無線LAN方式の使用周波数帯と，その最大伝送速度を述べよ．
[6.4] 無線LANの媒体アクセス制御CSMA/CAで，データを送信する方法を説明せよ．
[6.5] ブリッジとルータの機能の違いを説明せよ．

情報とネットワークのセキュリティ
−安心してネットワークを使うために−

情報ネットワークの活用範囲は，ますます広がりつつあり，これを使う場合の安全の確保も重要な課題になる．本章では，このように情報ネットワークを安全に使うためのセキュリティ技術として，外部からの不正アクセスの防御法と情報の秘密保持・認証機能を中心に，どのような事が実現されるのかについて，その概要を理解する．

7.1 ネットワークによるセキュリティに関する相違

　従来から幅広く使われてきた電話ネットワークでは，制御機能がネットワークに集中し，ネットワークの外部にある端末は，簡素な機能のみが想定されている．すなわち，端末とネットワークの間，端末と端末の間も，限られた条件でしか制御信号を送ることができず，利用サービスも限定されたものになる．このため，盗聴のような危険はあるが，端末やネットワーク装置の通信制御機能が，悪意をもった利用者から遠隔制御されてしまう可能性は極めて少ない．

　これに対して，インターネットでは，もともと様々なコンピュータ間の連携を実現することが目的であったため，遠隔のコンピュータからのアクセスに対して，セキュリティ上の対策を施しておかないと，さまざまな遠隔制御が行われ，コンピュータ自体の破壊，情報の流失，他のコンピュータ攻撃の仲介，といった不正行為の対象になってしまう．さらに，ルータ等のネットワーク装置も，インターネットを介して通信する機能を持ったコンピュータとして実現されているため，

それ自体が不正なアクセスの攻撃対象になってしまう．このため，インターネットにおいては，セキュリティの確保が極めて重要である．

このため，本章では，インターネットにおけるセキュリティを中心に学んでいくこととする．

7.2 インターネットのセキュリティ

7.2.1 インターネットにおける様々な脅威

インターネットに接続されたシステムは，世界中に拡がる膨大な数のコンピュータと接続されている．このため，7.1節で述べたように，様々な脅威にさらされている．主要なものは，以下の通りである．

1）システムに対する破壊行為：
　　システム侵入による破壊，ウイルス等による破壊，過負荷の発生
2）情報の**改ざん**行為：
　　システム侵入による情報の書換え，侵入痕跡の隠蔽
3）不正な情報取得：
　　非公開情報への不正アクセス，パスワード・ファイルの取得
4）不正なコンピュータ能力（リソース）使用：
　　コンピュータ，アカウントの不正使用，侵入の足場としての利用
5）通信情報の盗聴：
　　ネットワークアナライザ（回線上のデータを取り込み分析できる測定器）等による通信情報の傍受，等

ここで，インターネットに接続されたシステムとは，企業のコンピュータネットワークの場合もあるし，大学のキャンパスネットワークもある．また，個々の家庭でインターネットに接続されたパソコン群も，これに該当する．企業や大学のネットワーク管理者は，これらの脅威に対して，管理下のコンピュータネットワークが安全に機能するよう，適切な対策を行うことが必要になる．

7.2.2　セキュリティポリシー

ここで，一般に，「利便性」と「セキュリティ」は相互に背反する要求となる．このため，ネットワーク管理者は，両者のバランスを取りつつ，利便性をあまり損なわない範囲で，十分な安全性の実現を図る必要がある．これを円滑に，また漏れなく行うためには，**セキュリティポリシー**と呼ばれるネットワーク防護上の基本方針を明確にしておくことが重要となる．

セキュリティポリシーは，組織毎に決めていくことになるが，漏れのないネットワーク防護を実現するため，下記の要点を含めておく必要がある．

1)「許すこと」と「許さないこと」を明確にすること

　具体的には，管理対象のネットワークへの出入りに関して，通信の種別，通信の方向，利用者，等の条件毎に許す事，許さない事を明確化しておく．

2)「何も信頼できるものはない」という前提に基づくこと

　セキュリティシステム自体も不備があり得るため，様々な事態に向けた対策を用意しておく必要がある．

3)「セキュリティホール」の存在しないシステムの構築・維持

　Windowsなどのオペレーティングシステム（OS）などにおいて，悪意の侵入を可能としてしまう欠陥をセキュリティホールとよぶ．潜在する欠陥が発見される場合もあるし，該当するソフトウェアのバージョンアップの折に新たに欠陥が発生する場合もある．常に最新のバージョンに更新し，セキュリティホールが残っている確率を最小限にする取り組みが必要である．

4) フェイルセーフ（安全第一）が基本

　安全である事が十分に確認できたもの以外は，管理対象のネットワークへの出入りを許さない．

7.2.3　ファイアウォールの構築

前述のように，企業のコンピュータネットワークや大学のキャンパスネットワークなど，インターネットに接続されたシステムでは，外部からのさまざまな

脅威に対して，内部のコンピュータやネットワーク機器が，安全に機能するよう防護する必要がある．このために，インターネットとの境界に設ける防護システムが，ファイアウォール（「防火壁」の意）である．ここでは，このファイアウォールとはどんなものか調べてみよう．

ファイアウォールを用いた基本的な構成を図7.1に示す．図に示されるように，インターネットとの接続点を一箇所に絞り，ここにセキュリティ機能を持ったノードを設置する．これがファイアウォールとなる．その基本的な考え方は，管理対象のネットワークを，外部からのアクセスを許す公開サーバ群のみを収容するネットワーク領域（**バリアセグメント**，**DMZ**：非武装地帯，等と呼ばれる）と，他の大多数のコンピュータが含まれるネットワーク領域（**イントラネット**ともよぶ）に分け，それぞれの性質に応じてセキュリティの管理を行うことである．例えば，企業の研究所では，来訪者用の展示室や講堂といった外部の人が入れる区域と，研究者や特別の許可を持った人しか入れない区域に分けている．これと同様に，外部から簡単に入れる領域が「**バリアセグメント**」，許可のある人しか使えない領域が「**イントラネット**」となる．

セキュリティ機能を持ったファイアウォールは，外部に公開したサーバ群に対しては，これらが提供する機能（Webやメールなど）に関わる通信のみを許容し，イントラネットに向かう通信はすべて拒否することで，外部からの侵入をバリアセグメントまでで食い止める．このファイアウォールが，セキュリティポリシー

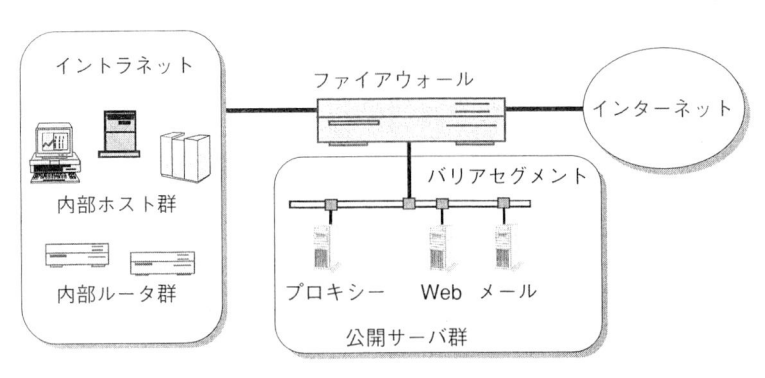

図 7.1　ファイアウォールを用いた構成例

7.2 インターネットのセキュリティ

を実現し，不正アクセスから組織内のネットワークやコンピュータなどを守る要となる．

このファイアウォールの基本的な考え方は「外部からの危険にさらすのは公開された特定のコンピュータ（Webなどのサービスを提供）や公開領域に置かれたルータのみに限定する」ということである．個々のコンピュータのセキュリティを維持・管理することは，継続的に大きな手間のかかる仕事であるため，この仕事はバリアセグメントに設置され，外部からアクセスされる特定のコンピュータとルータのみに集中して実施する．他方，イントラネット内部にある多数のコンピュータやイントラネット内に設置されたルータについては，ファイアウォールがアクセス制限をする形で保護することになる．

ファイアウォールは，このような防護をするため，通常の通信に利用されている転送データは通し，不正なアクセスに使用される転送データは廃棄できる必要がある．その実現法は，

1) パケットフィルタリング機能を持つルータを使用
2) アプリケーションゲートウェイを使用

の2種に大別される．

ルータは，5章で述べたように，転送データを運ぶIPパケットを適切な宛先に振り分ける機能を持っている．ルータのパケットフィルタリング機能とは，このルータの基本機能をベースに，到着するIPパケット内の制御情報に応じて「通過させる／廃棄する」を判断する機能である．例えば，サングラスが紫外線を通さないように，パケットフィルタリングで，不正なIPパケットはファイアウォールを越えることができなくなる．フィルタリングの判断条件としては，送信元IPアドレス，宛先IPアドレス，上位プロトコル種別（プロトコル・ポート番号）が挙げられる．これらの各条件の組合せ毎に，パケット通過許可（permit）／拒否（deny）をセキュリティポリシーで規定することになる．

これに対して，アプリケーションゲートウェイとは，ファイアウォールを越えることが許されるサービス毎（例えば，Web）に，イントラネットからの通信要求の中味をサービス毎に分析し，問題がなければあたかもそのコンピュータが送

り出したように，外部のネットワークに送り出す相互接続専用のコンピュータのことである．例えば，プロ野球の選手が代理人を使って球団と交渉するように，イントラネット内部のコンピュータは，アプリケーションゲートウェイを代理人として使って，外部のネットワーク上のWeb情報を手に入れたりする．このアプリケーションゲートウェイがセキュリティ管理を集中的に実現する方式であるため，すべての攻撃がこれに集中するので，厳重な管理下でゲートウェイの運用を行う必要がある．アプリケーションゲートウェイは，外部サーバーへのアクセス状況の履歴（アクセスログ）を収集することもできる．

7.2.4　セキュリティ環境の維持

セキュリティ環境を安全度の高い状況に維持するには，様々な業務が必要となる．主要なものは以下の通りである．

1) アクセスログ（履歴）の管理と分析：
   セキュリティ維持のため，不審なアクセスがないか，アクセスログを分析する．
2) ハッカーによる不正なアクセス手口の分析：
   不正なアクセス手口を分析し，これが使われないようにするため防護策に反映する．
3) 逆探知など侵入者発見のための対策：
   外部からの攻撃に対して対策を打つことで，侵入防止にもなる．
4) セキュリティホールに対する早急な対処：
   OSなどで新たに発見されたセキュリティホールへの修正プログラムを迅速に適用する．
5) 運用条件の変化に対するセキュリティシステムの対応や改善：
   新たなアプリケーションの導入等，システム全体の運用条件の変更に応じて，セキュリティシステム自体も更新していく．
6) セキュリティ監査：
   実施しているセキュリティ対策に問題がないか，十分なセキュリティレベ

ルが維持されているか，定期的に外部の目も入れて確認することが重要である．

7.3 暗号の種類と使用法

7.3.1 暗号の目的と基本原理

7.2節では，おもに企業内ネットワークや大学のキャンパスネットワークなどを，インターネット経由で到着する不正アクセスからどう防護するかを中心に学んだ．しかし，通信の本質として，遠隔地をつないでの情報交換は必須であり，この転送される情報の信頼性を高める方策が，別に必要となる．これを実現するものが暗号技術である．

ネットワークを介した通信で，暗号は以下の2つの目的を達成するために使用される．

1) 通信内容の秘密の保持：
   図7.2に示すように，ネットワーク内を送られていく情報が盗聴された場合に，その内容が漏洩しないための対策である．

2) 送信者の認証をする：
   図7.3に示すように，他人が送信者を装って情報を送ること（なりすまし）

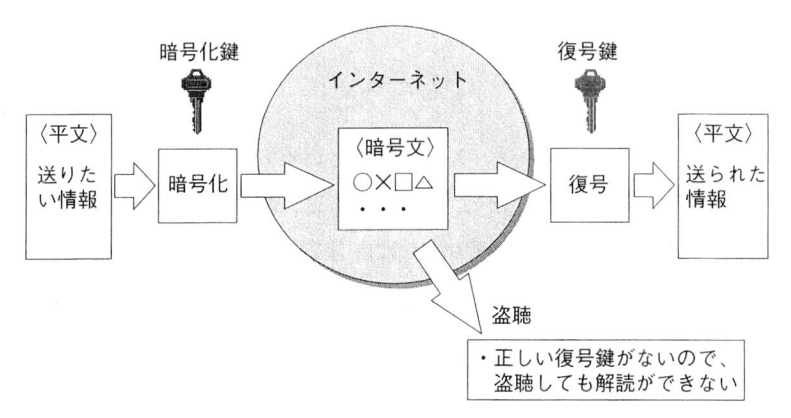

図 7.2 暗号を用いた通信内容の秘密保持

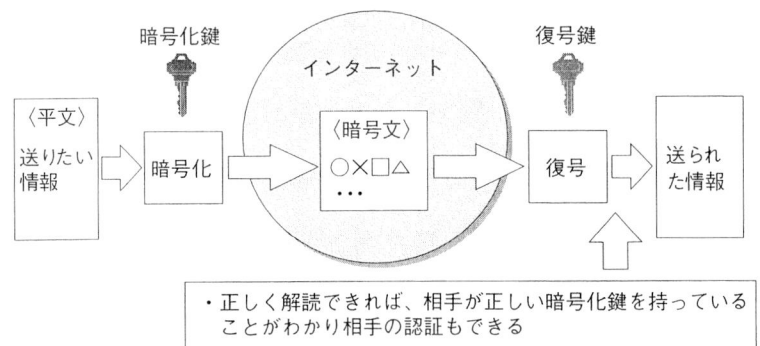

7 情報とネットワークのセキュリティ

図 7.3 暗号を用いた送信者の認証

図中:
- 暗号化鍵
- 復号鍵
- インターネット
- 〈平文〉送りたい情報 → 暗号化 → 〈暗号文〉○×□△… → 復号 → 送られた情報
- ・正しく解読できれば、相手が正しい暗号化鍵を持っていることがわかり相手の認証もできる
- ・途中で内容が改ざんされれば、正しく復号できず改ざんされたと判断できる

や，途中で内容（の一部）を書き換えること（改ざん）への対策である．

それでは，暗号はどのように作られるのであろうか．1つの単純な方法は，元の文の個々の文字を，アルファベットで特定の文字数だけずらす方法である．このような暗号を作る方法を，**暗号アルゴリズム**とよぶ．このアルゴリズムで，ずらす文字数を3とすると，元の文は以下のように暗号化される．この場合，3という数が，暗号アルゴリズムの実行内容を決める働きを持っており，これを**暗号鍵**と呼ぶ．

簡単な暗号の例を示す．

```
i      will      buy      it   :元の文
↓      ↓↓↓↓      ↓↓↓      ↓↓   :暗号化〔各文字を3文字ずらす〕
l      zloo      exb      lw   :暗号化文
```

この例にあるように，元の文（これを**平文**という）に対し，ある暗号アルゴリズム（演算方法）に暗号鍵（キー）を適用すると，**暗号文**が生成される．暗号文を元に戻すには，上の暗号化の例であれば，各文字をアルファベットで3文字分戻せば，元の文章が復元できる．このように，暗号文を元の文に戻すのが復号で，暗号化に対応する暗号アルゴリズム，および暗号鍵（この場合，3文字ずらす）を使用する必要がある．

例としてあげた，文の各文字をアルファベットで数文字移す，という暗号は

7.3 暗号の種類と使用法

シーザー暗号と呼ばれ，古代ローマ時代にジュリアス・シーザーが用いたといわれている．アルファベットは26文字しかないから，ずらせる数は1から25までに限られ，これに対応して暗号鍵も25個しかない．このように鍵の数が少なければ，全部の鍵を確かめて，どれかで読める文章が出ればそれが正しい鍵，というように簡単に破られてしまう．このため，暗号アルゴリズムは，極めて多数の鍵を用意することができ，簡単には破られないようなものが必要になる．

7.3.2 秘密鍵暗号方式と公開鍵暗号方式

暗号方式は，この暗号鍵の扱いで，**秘密鍵暗号方式**と**公開鍵暗号方式**の二種に分けられる．秘密鍵暗号方式は，送信者が使った暗号化の鍵と同じ鍵を，受信者が秘密裡に持っており，復号の時に，この秘密鍵を使って暗号文を平文に戻すものである．これは送信者・受信者が共通の鍵を持っている，という意味で「共通鍵暗号方式」ともよばれる．これに対し，公開鍵暗号方式では，ある暗号アルゴリズムに対して公開鍵と秘密鍵の組があり，誰でも知ることができる**公開鍵**を

表 7.1 秘密鍵暗号方式と公開鍵暗号方式

暗号方式	秘密鍵暗号方式〔共通鍵暗号方式〕	公開鍵暗号方式
暗号化通信で使用する鍵	暗号化鍵〔秘密鍵〕＝復号鍵〔秘密鍵〕	暗号化鍵〔公開鍵〕≠復号鍵〔秘密鍵〕
暗号アルゴリズム	比較的単純（鍵は共通で秘密である前提）	複雑（公開鍵から秘密鍵が見破られない必要あり）
処理速度	速い	遅い
代表例	DES，AES	RSA
主要な課題	・送信相手毎に秘密鍵が必要で，これを持ち合う ⇨相手数が増えれば，秘密鍵の管理が大変	・誰でも公開鍵で暗号化できるから，送信者を認証できない ・公開鍵の使用者が本人であるかの確認ができない ⇨なりすましの危険

DES：Data Encryption Standard　　AES：Advance Encryption Standard
RSA：発明者のRonald Rivest, Adi Shamir, Leonard Adlemanの頭文字

使って暗号化すると，それに対となる秘密鍵を持っている人しか復号ができない方式である．この両方式の比較を表7.1に示す．

表に示されるように，秘密鍵暗号方式では，暗号化アルゴリズムは公開鍵暗号方式と比較すると単純であり，暗号化・復号の処理も早いという特徴を有する．しかし，送信者・受信者の組毎に専用の秘密鍵を用意し，お互いにこれを所持する必要がある．このため，n人の間で暗号化通信を行おうとすると$n(n-1)/2$の数の秘密鍵を用意して，それぞれを秘密を守って配っておく必要があり，nが大きくなるとその管理も膨大なものになる．公開鍵暗号方式では，暗号アルゴリズムは複雑であり，暗号鍵が長くなり，暗号化・復号の処理も複雑なものになる．しかし，図7.4に示すように，公開鍵暗号方式では，受け手が自分の公開鍵・秘密鍵の組を1つ持てばよく，n人の間の通信では，n組の暗号鍵が用意され，公開されていれば良い（鍵を秘密に届ける必要がない）．そのために，鍵の管理が大幅に容易になる．

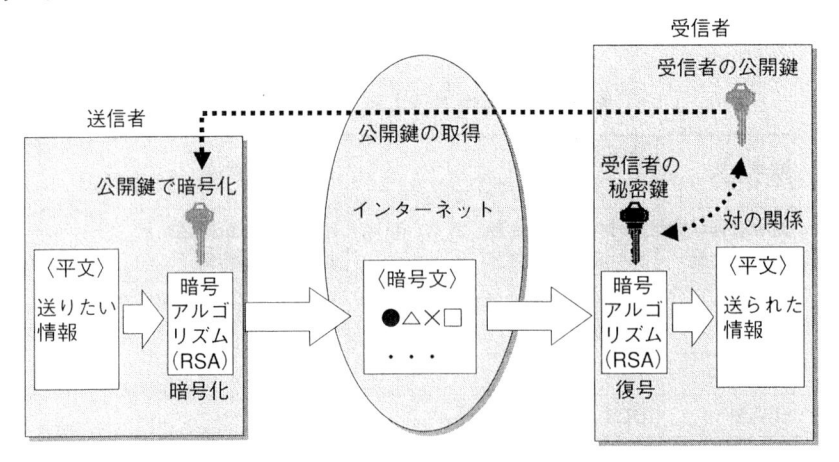

図 7.4　公開鍵暗号方式の使い方

秘密鍵暗号方式では，送信者が受信者と同じ秘密鍵で暗号化するため，無事に復号できれば秘密鍵を渡しておいた相手から，改ざんされずに情報が届いたと確信できる．このように，秘密鍵暗号方式では，復号できれば（相手が想定した者であるかを）**認証**できる．

7.3 暗号の種類と使用法

これに対して，公開鍵暗号方式では，公開した鍵を用いて暗号化するので，誰が暗号化しても，受信者の秘密鍵で正しく復号できてしまうので，送信者のなりすましを検出することができない．また，公開鍵暗号方式では，公開鍵を偽られたり第3者にすり替えられると，本来の受信者は復号できず，公開鍵を偽ったものが，対応する自分の秘密鍵で情報を復号できてしまう．このため，公開鍵が，確かにそれを公開した人のものであるかということを確認する必要がある．

公開鍵のこのような欠点を補うものが**電子署名**（Digital Signature）である．図7.5に示すように，ある情報を，送信者を確認できる形で送るために，公開鍵と組になる秘密鍵で処理して電子署名を行う．この情報を受け取った相手が送信者の公開鍵で処理して認証すると，改ざんなどがなければ正しい文章に復元され，送信者からの情報である事が認証できる．ただし，通常は送る情報を要約し，この要約に対して電子署名を行って処理量を削減している．なお送信者と公開鍵が，情報内で名乗られた者と本当に対応するのかを確認する仕組みが，別に必要となる．

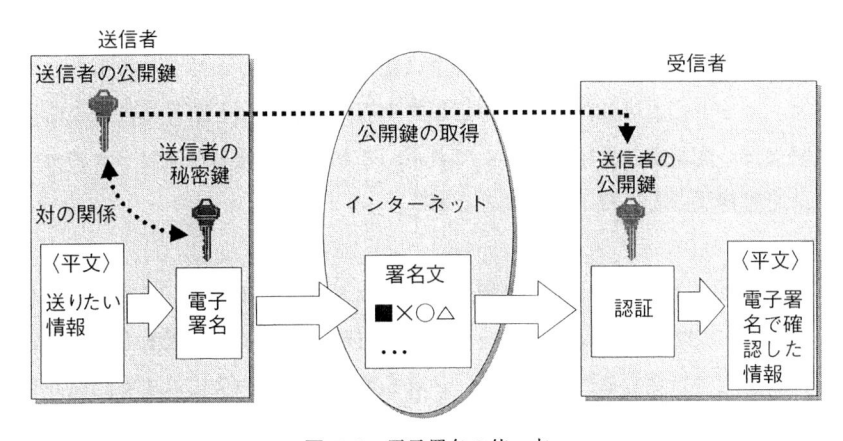

図 7.5 電子署名の使い方

電子署名だけでは，送信者の公開鍵で元の文が復元できてしまうから秘密を保った通信はできない．このため，図7.6に示すように，送信側の公開鍵による電子署名と，受信側の公開鍵による暗号化を組み合わせれば，暗号化による秘密保

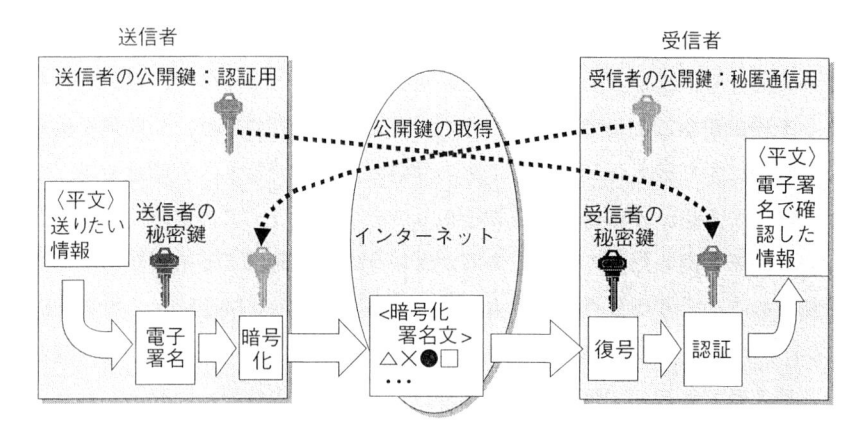

図 7.6　認証と秘密保持を同時に行う方法

持と，電子署名による認証（なりすまし防止）を同時に実現できる．

7.4　情報とネットワークのセキュリティのまとめ

　この章では，情報ネットワークを安全に使うためのセキュリティ技術として，インターネットにおける外部からの不正アクセスの防御法と暗号技術による情報の秘密保持・認証機能を中心に学んできた．これらの情報ネットワークのセキュリティを整理すると，以下の通りとなる．

1) インターネットには多数の利用者がつながっているため，これと接続した企業・大学などのネットワークには，外部から様々な意図をもった不正なアクセスが生じる．このため，これらの不正アクセスに対する防御が重要である．
2) この防御のための方針を定めたものがセキュリティポリシーである．また，インターネットとの接続点において，セキュリティポリシーに従って許可されない条件のアクセスを防御するのが，ファイアウォールとよばれるシステムである．

3）ファイアウォールの実現法には，通過を許可するIPパケットの条件に応じてパケットフィルタリングを実施するルータを用いた方式と，内部と外部の間の通信に必ず関与し，不正なアクセスを防御するアプリケーションゲートウェイを用いた方式の2つがある．
4）暗号の目的は，通信の秘密の保持と送信者の認証の2つである．
5）暗号の処理内容は，暗号アルゴリズムと暗号鍵で与えられる．
6）暗号方式には，秘密鍵暗号方式と共通鍵暗号方式の2種がある．秘密鍵暗号方式は，秘密の鍵を送信者・受信者が共通に持つ方式で，比較的処理も簡単で，秘密保持と認証を同時に行えるが，鍵の管理が難しくなる．
7）公開鍵暗号方式では，公開鍵・秘密鍵の組があり，受信者が公開鍵を公開するが，これで暗号化した情報は，受信者がもつ秘密鍵でのみ復元が可能な方式である．公開鍵暗号方式では，鍵の管理は容易になるが，単独では秘密保持しか行えない．このため，認証には電子署名を用いる．両者を組み合わせて使うこともできる．

【演習問題】

[7.1] インターネットに接続されたシステムが外部から受ける脅威にはどのようなものがあるか，説明せよ．

[7.2] セキュリティポリシーとしては，どのようなことを決めなくてはいけないか，説明せよ．

[7.3] ファイアウォールは，どのようなことを実現しているか説明せよ．

[7.4] 暗号を用いて，送信者の認証ができるのはなぜか，説明せよ．

[7.5] 秘密鍵暗号方式を用いた場合，通信相手が多くなると，何が問題になるか説明せよ．

[7.6] 公開鍵暗号方式で，送信者の認証ができない理由を説明せよ．

8 携帯電話を使う
－無線通信と移動通信－

　携帯電話は，いつでも，どこからでも，だれとでも通信できる便利な手段として，20世紀の終わりから爆発的ともいえる早さで普及した．それは，LSI（高密度集積回路）技術の進歩により，携帯電話機が小型で，安く実現できるようになったこと，およびアンテナをはじめとした無線技術が進歩したこと，などの理由による．また，iモードのような利用上の工夫も進み，いまや私たちの生活になくてはならないものになっている．一方，開発途上国で新たに電話サービスを始めることを考えると，ケーブルによる従来型の電話システムによるよりも携帯電話システムによるほうが，低コストで，早く実現できる．すなわち，携帯電話は新しく通信手段を提供する観点からも好都合となっている．これらの理由で，携帯電話の利用者数は世界中で増え続けている．本章では，携帯電話のつながる仕組みを中心に学ぶこととする．

8.1　移動通信と携帯電話

　私たちが人と話をする場合，お互いに発する声は空気の振動，すなわち音波として相手に伝わることによって会話を可能としている．遠くの人に話の内容を伝えようとすると，大きな声を必要とするが，届く距離には限界がある．そんな限界を打ち破った発明が，グラハム・ベル[1]（脚注116ページ）による電話である．

　電話は1876年に発明されたが，音の強弱を電流という電気信号の大小に変換し，私達の声を銅線で遠隔地にまで伝えることを可能とした．全く見えないところに

8.1 移動通信と携帯電話

いる人同士が，会話をすることなど予想外なことであり，電話が発明された当初には，恐怖をもって迎えられたといわれている．しかし，一方で大きな期待を持たれたことも事実である．この電話の場合には，電気信号を伝える伝送媒体として銅線を必要とした．

1895年には，マルコーニ[††]が無線通信法を発明した．これは自由空間を使って，電気信号を電波として遠隔地に伝えることを可能とするものである．現在，広く利用されている携帯電話をはじめとする移動通信は，この恩恵によっている．もちろん，テレビやラジオも原理は同じである．

携帯電話が本格的に普及し始めたのは1995年の夏頃からである．すなわち，マルコーニの発明からちょうど100年後のことである．それまでの携帯電話は自動車に付けられた大きさも重量も大きい自動車電話が主流であった．そのため一般の人達が使うには高級な持物としての認識が強かった．しかし，簡単に持ち歩ける携帯電話形態の実現に向けて無線用IC，アンテナ，電池などの改良が行われ，1985年のショルダーホン，1989年の400cc・600gの携帯電話機，1991年のムーバというように小型・軽量化が大いに進むこととなった．1995年の夏にはPHS (Personal Handy-phone System) サービスが開始され，一気に携帯電話ブームが引き起こされることとなった．今では，携帯電話は子供達にまで普及するようになっており，いつでも，だれとでも，どこからでも通信することを可能としている．このような状況から移動通信といえば携帯電話を想像するほどになっているといっても過言ではない．

移動通信の歴史は古く，わが国では1908年にサービスを開始した無線電報業務がその始りといえる．電話としては，港湾内の船舶を対象とした港湾電話サービスが1953年に始まり，1979年に自動車電話，さらには1986年には航空機電話が

[†] A.グラハム・ベル（1847～1922年）：スコットランド生まれ．アメリカ合衆国ボストン大学音声学教授のころ，ろうあ者のために音波を目で見る機械を研究．この研究は失敗するが，その後，音を電気信号で送ることを考え，電話機を発明．この発明のほかに，ろうあ学校をひらくなどろうあ者の教育にも貢献．

[††] グリエルモ・マルコーニ（1874～1937年）：イタリヤ生まれ．独学で無線通信を研究．1909年ノーベル物理学賞受賞．

サービスを開始している．この間，1968年にはポケベルと呼ばれた無線呼び出しサービスが開始されている．このサービスの当初の機能は，単なる呼び出しだけであった．しかし，その後，簡単なメッセージが送れるようになり，携帯電話が普及するまでの間，外で仕事をする人達にとっては便利で，簡単な連絡手段として大いに活用された．

移動通信の特徴は，移動する端末機器と無線基地局との間の通信に電波を使っていることであり，電波という限られた資源を有効に活用しなければならないことである．また，電話をかけるという技術でみると，従来の固定電話網の機能に加え，通信相手がどこにいるのかを特定して通信回線を設定することが重要となる．

この章では移動通信の代表例として携帯電話を取り上げ，詳しく説明することとする．

8.2 携帯電話とPHS

電話を主目的とした移動通信システムとして，私たちは携帯電話かPHSを使用している．いずれも，古くから使用している固定電話と異なり，利用者がどこにいても利用できて，便利である．それでは携帯電話とPHSの違いは，何だろうか．

携帯電話は，車や電車のように相当のスピードで移動する乗り物に乗っていても通信できることに最大の特徴がある．このことからも推測されるように，携帯電話システムは，自動車電話システムの延長線上に実現されており，ネットワークも，従来の固定電話網とは独立して構成されている．これに対してPHSは，移動しながらの通信を対象としているが，その移動速度は人間が歩きながらといった低速度を想定しており，システムもそれに対応して構成されている．PHSのネットワークは，従来からの固定電話網を利用しており，電話線に相当する部分が無線に代わっていると考えることができる．その意味では，家庭で使用されているコードレスホンの延長としてとらえることができる．

このように携帯電話かPHSかは，高速移動に対応できるシステムであるのか，

低速移動を前提としたシステムであるのかという利用上の相違点があり，ネットワーク的には，独自網か固定電話網の利用によるのかといった違いがある．また，利用する電波の強度が，携帯電話では強く，PHSでは弱く設計されている．そのため，携帯電話は使用時に医療機器へ悪影響を及ぼす危険性から，病院内での使用が禁止されたり，心臓にペースメーカを入れている人への配慮から，電車内での使用を自粛することが求められている．しかし，病院内でも緊急連絡用としての電話に対する期待は大きく，このような場合には電波強度の弱いPHSが使用される．これらの違いの他に電話番号の違いがある．これは利用するネットワークを区別するためである．携帯電話では090，または080から始まる11桁の番号であるのに対し，PHSでは070から始まる11桁の番号となっている．

以上に述べたような利用上の便利さから利用者数は圧倒的に携帯電話が多くなっている．そして32kbit/sのADPCMを採用したPHSは，簡易な移動データ通信機器としての活用が中心となってきている．

8.3 電波とアクセス方式

携帯電話システムの基本的機能は，電話を利用するエリアの中心にアンテナを置き，携帯電話機とアンテナの間を，電波を使って通話をすることにある．このとき多くの人達で携帯電話を利用できるようにする必要があり，さまざまな工夫がなされている．

電波は，表8.1に示すように，3000GHz以下の周波数の電磁波と定義され，周波数帯域に対して名前がつけられている．そして利用目的毎に使用できる周波数と周波数帯域が決まっている．これは同じ周波数を同じ場所で，異なる目的のために使用すると混乱を生じるために国が定めている．すなわち，電波の規定は，電波が有限なものであり，国民共有の財産として，一定の制約のもとに有効に活用しようとする考え方に基づいている．

電波のふるまいを**伝播特性**という．一般に電波は，周波数が低い方が遠くまで届き，周波数が高くなるほど伝播途中での減衰が増え，到達距離が短くなる．周

表 8.1 電波と利用

周波数	波長	周波数による名称	一般的な呼称		おもな用途
3000GHz	100μm		光波		
300GHz	1mm	EHF	極超短波	サブミリ波	
30GHz	1cm			ミリ波	レーダ
10GHz		SHF		準ミリ波	無線中継伝送(電話・テレビ)
3GHz	10cm			マイクロ波	衛星通信, 衛星放送
1GHz		UHF		準マイクロ波	移動通信(携帯,PHS),テレビ放送
300MHz	1m				
30MHz	10m	VHF	超短波		テレビ放送, FM放送
3MHz	100m	HF	短波		海外ラジオ放送,アマチュア無線
300kHz	1km	MF	中波		ラジオ放送
30kHz	10km	LF	長波		海上移動通信
3kHz	100km	VLF			

EHF : extremely high frequency, SHF : super high frequency, UHF : ultra high frequency, VHF : very high frequency, HF : high frequency, MF : medium frequency, LF : low frequency, VLF : very low frequency

波数が数GHz以上になると，建物などの影になる場所では電波が届きにくくなる．さらに，十数GHz以上になると雨や霧の影響を受け，電波は減衰する．衛星テレビを観ていて，急にどしゃ降りの雨が降りだすとテレビの写りが悪くなったり，まったく写らなくなったりするのは，雨による電波の減衰のためである．高い周波数の電波は，使いにくい一面を有するが，周波数帯域を広くとれるという利点を有する．テレビとラジオを比較するとテレビの周波数帯域は，ラジオの1000倍近くとなっている．そのため使用する電波の周波数は，テレビの方が高く，ラジオが低くなっている．このように電波は利用する対象が何であるのか，情報の周波数帯域がどのくらいであるのか，といったことを考慮して定められている．ちなみに，携帯電話は自動車電話に含まれており，800MHz帯，または

1.5GHz/1.6GHz帯が使用され，PHSは1.9GHz帯が利用可能な周波数となっている．

与えられた電波を有効に使用するための通信技術として，**多重アクセス**（Multiple Access）がある．その代表的なものがFDMA（Frequency Division Multiple Access），TDMA（Time Division Multiple Access），およびCDMA（Code Division Multiple Access）である．

FDMAは，与えられた周波数帯域を1チャネルに必要な基準周波数で分割して複数のチャネルを構成し，通信要求があった場合，空いているチャネルを割り当てて通信を行う方法である．第1世代と呼ばれる初期のアナログ携帯電話システムで使用された．

TDMAは，携帯電話機から電波を出す時間が重ならないように制御する方式である．与えられた周波数を使用して時間軸上に独立なチャネルを構成し，それぞれの通話を空きチャネルに割り当てて通信を行う．主に第2世代と呼ばれるディジタル携帯電話システムやPHSで使用されている．

CDMAは，それぞれのチャネルにPN（Psuedo-Noise）符号（擬似ランダム符号）と呼ばれる固有な符号を割り当て，ディジタル情報とこの符号をかけ合わせる信号処理によって，周波数帯域の広いディジタル信号に変換した後に送信する方式である．受信側では，送信側と同じ固有な符号をかけ合わせて復号処理を行う．その際，送信側で異なるパターンの固有符号で処理された受信信号は，復号処理の中で，聞き取れない雑音レベルの信号におさめられてしまう．この方式は，第2世代のディジタル携帯電話システムや，第3世代と呼ばれる携帯電話システムで使用されている．

8.4 大ゾーン方式と小ゾーン方式

携帯電話システムでは，それぞれのアンテナから電波が届いて通信が可能な範囲を，ゾーンと呼んでいる．ゾーンの中心にあるアンテナと携帯電話機との間を，電波によって情報のやり取りができるようにしている．ゾーンについては，図8.1に示すように，大ゾーン方式と小ゾーン方式があり，ゾーンの中心にはアンテ

ナを有する基地局が設置される．

大ゾーン方式は，例えば図8.1(a)のように，f_1からf_3までの3周波数を使用して基地局との通信を行う．この場合には，サービスエリア内のどこにいても同じアンテナと電波のやりとりをしており，通信接続上の問題は少ない．しかし，使用できる周波数の数が限定されるため，同時に使用できるチャネル数に制限がある．

この問題を解決するために考えられた方法が，**小ゾーン方式**である．これは図8.1(b)のように，電波の送受信を行う電力を小さくし，1つの基地局のアンテナでカバーするゾーンを小さくする．例えば，使用する電波の周波数を，f_1からf_3までの3周波数から選び，隣接するゾーンでは，使用する周波数が必ず異なるように設定する．このようにすると，各ゾーン間での電波の干渉がなくなり，サービスエリア内で同じ周波数を同時に使用できる．すなわち，サービスエリアが多数の小ゾーンに分かれ，多くの小ゾーンで同じ周波数を繰り返して使うことができるため，周波数を有効に活用できるようになる．この小さなゾーンはセルとも呼ばれ，この構成を用いた携帯電話をセルラーホンとも呼ぶ．

図8.1で比較してみると，サービスエリアは大ゾーン方式と小ゾーン方式で同一であり，かつ利用する電波の周波数もf_1からf_3までと3周波数で同じである．しかし，同時に通信できる携帯電話機数は大ゾーン方式では3，小ゾーン方式では7となり，小ゾーン方式の方が周波数利用において有効なことが理解できる．

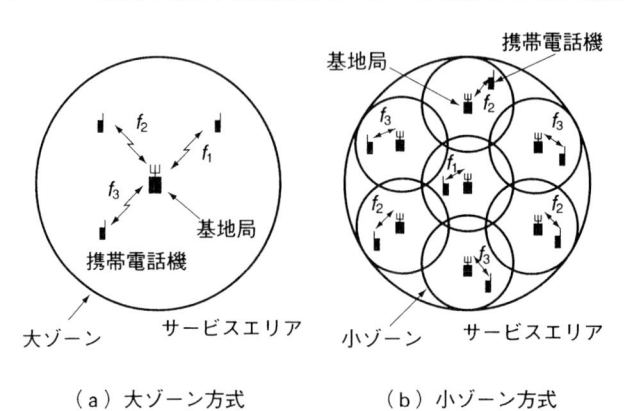

(a) 大ゾーン方式　　(b) 小ゾーン方式

図 8.1　大ゾーン方式と小ゾーン方式

大ゾーン方式は，アメリカやヨーロッパの初期の自動車電話で使用された．しかし，自動車電話の普及とともに周波数の有効利用が重要となり，現在では小ゾーン方式が使用されている．わが国の自動車電話サービスは，1979年に開始されたが，欧米と比較すると後発であり，最初から小ゾーン方式で提供された．当初のゾーン半径は，市街地で3～5 km，郊外で7～10kmと比較的広かったが，利用者数が増大するとともにそれぞれ2～3 km，5～10kmと狭くして大容量化が図られた．小ゾーン方式では，利用中にゾーンをまたがって通信を行う必要が生じる．このときには，最も近いところにあるアンテナを使用するようにゾーンを切り替えなければならず，そのための制御が行われる．

なお，PHSでは，利用者が徒歩で移動することを想定しており，ゾーンの半径は数100m程度と非常に小さくなっている．

8.5 携帯電話システム

携帯電話も機能的には従来からの固定電話と同じであるが，いくつかの特徴的な事項を有する．例えば，携帯電話機は移動して使用されるため，携帯電話機がどこに存在しているのかを常にネットワーク側で把握していなければならない．また，ゾーンが多数あり，自動車に乗りながら電話をしている場合のように，あるゾーンから隣のゾーンへ移動しても通話が途切れることがないようにしなければならない．これらの機能を的確に実現することが，携帯電話システムには求められている．

携帯電話システムの基本構成を図8.2に示す．サービスエリアは多数の基地局で構成されている．それぞれの基地局は，制御局に接続されており，制御局の管理のもとに携帯電話機との接続動作をする．複数の制御局で全国規模の携帯電話網が構成されている．主要な機能について以下で説明する．

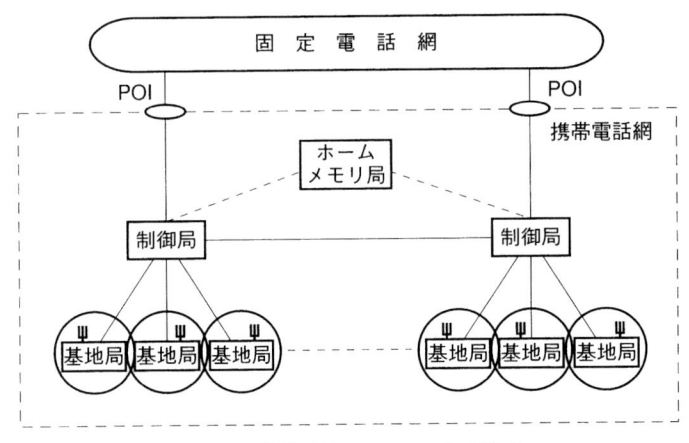

図 8.2 携帯電話システムの基本構成

(1) システムの基本構成

システムは小ゾーン方式で実現されており，ゾーン毎に**基地局**が設置される．この基地局は，図8.3に示すように電波の送受信を行うアンテナや電波を増幅する増幅装置，電気信号を電波にのせる変復調装置から構成される．携帯電話機にも変復調装置が実装されている．

私たちが話す音声情報は，携帯電話機で電気信号に変換され，変調装置から電波に乗せて送信される．送信された電波は，基地局のアンテナで受信され，増幅装置で増幅された後，復調装置で電気信号に戻される．基地局から携帯電話機への情報信号の流れは，この逆であり，基地局の変調装置で電波に乗せられ，アンテナから送信される．この変調信号を携帯電話機で受信し，増幅した後に復調装置を経て音声信号に復元される．

電気信号は，当初のシステムではアナログ形式で扱っていたが，いまはディジタル形式で扱っている．ディジタル形式の携帯電話システムでは，アナログ情報である音声情報は，高能率音声符号化方式を適用して5.6kbit/sのディジタル信号に符号処理されている．ビットレートを下げると，これを運ぶための電波の帯域も狭くてすむため，電波の使用効率を高めることが可能となる．

携帯電話網は多数の基地局で構成されている．基地局を制御しているのが**制御局**である．制御局には，図8.3に示すように，基地局の制御装置のほかに，交換機や音声処理装置などが設置されている．制御装置は，通信用周波数の選択や，電波受信レベルの監視など，固定電話網にはない様々な機能を持っており，携帯電話システムを特徴付けているといっても過言ではない．また，音声処理装置は，固定電話と接続する場合に，高能率符号化で圧縮されたディジタル音声情報を，64kbit/sのディジタル信号に変換するために設置されている．また，交換機は携帯電話同士の接続と固定電話との接続，料金算出用の通話時間測定，などを実現するために使用される．

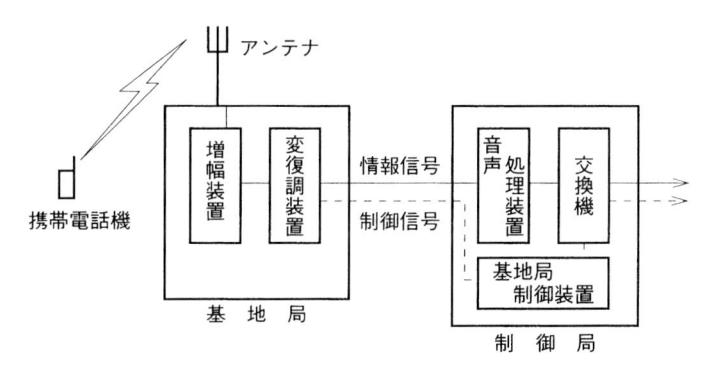

図 8.3 基地局と制御局の構成

(2) 基地局と携帯電話機の接続

固定電話の場合，電話機の受話器を上げて通話相手の電話番号を送信すると，交換機はその電話番号から相手が収容されている交換機を知り，接続することができる．これは送信側，および受信側の電話機がケーブルで固定的に接続され，いずれかの交換機に収容されているためである．しかし，携帯電話機の場合には，利用者がサービスエリアを自由に移動するため，通信相手がどこにいるのか，すなわち，携帯電話機がどの基地局に存在するかを知っている必要がある．そのため，携帯電話機は自分のいる場所，すなわち位置登録エリアをネットワークに知らせるようになっている．このことを**位置登録**といっている．

携帯電話機が，位置登録エリアをこえて別の場所に移動したときには，携帯電話機から位置登録を更新するための要求をネットワークに伝送し，ホームメモリ局の位置情報を更新する．このことによりネットワークは，どの携帯電話機がどの制御エリアに存在するのかを知ることができる．

　携帯電話機と基地局を結ぶための制御用の信号チャネルとして，**共通チャネル**と**通信中制御チャネル**が用意されている．共通チャネルは，複数の携帯電話機で共通に使用するものである．その機能は，基地局から携帯電話機の方向に向って，一斉呼び出しの制御信号などを送出すること，および携帯電話機から基地局の方向に向って，発信要求などの制御信号を送出することである．また，通信中制御チャネルは，通信チャネルを割り当てた後に制御信号の授受を行うためのものである．

　携帯電話機は，自分から通信を始めるときや，誰からかかかってくるのを待ち受けるとき，どの基地局と送受信するのかを選択しなければならない．各基地局の共通制御チャネルの周波数は決められている．そこで電話をかける場合，携帯電話機は，最も受信電波の電力レベルが高い周波数の共通制御チャネルを選択する．このことによって携帯電話機は，自分が通信すべき基地局を知ることとなる．また，携帯電話機が相手からかかってくるのを待ちうける状態になると，間欠的に受信を行い，この間に一斉呼び出しを受けると受信処理を開始する．このことによって携帯電話機の電池の消耗を少なくしている．

(3) **位置登録**

　ある携帯電話機と通信をしようとする場合，全国規模で設置されているすべての基地局からその1台を呼び出すのでは効率が悪い．そこで対象となる携帯電話機が，どこにあるのかをネットワーク側で知っている必要がある．携帯電話機が自分のいる場所をネットワークに知らせることを**位置登録**という．位置登録の仕組みを図8.4に示す．

　位置登録をすることによって，ある携帯電話機に通信要求があったときには，その携帯電話機が登録をしている位置登録エリア内の基地局からだけ，呼び出し

を行えばよいことになる．また，携帯電話機が位置登録したエリアを越えて別の位置登録エリアへ移動した場合には，先にも述べたようにネットワークの中にある**ホームメモリ局**の位置情報を変更することによって，円滑な運用を可能としている．

位置登録の更新は次のように行う．基地局は定期的に共通制御チャネルを使って位置登録エリアの番号である位置コードを送信している．携帯電話機が位置登録エリアを越えると，携帯電話機は，登録してある位置コードと違った位置コードを受信するので，これを契機に位置登録をしなおす．図8.4の場合，携帯電話機は，位置コード1のエリアから位置コード2のエリアに移動したため，基地局，制御局を介してホームメモリ局の位置コードを変更する．

登録している位置エリアが変わったときの更新は，利用者ではなく携帯電話機が自動的に行うため，利用者である私たちは，位置登録エリアを意識することなく通話をすることができる

8.6 携帯電話機と従来からの固定電話機との接続

携帯電話の利用には，大きく分けて2つがある．1つは携帯電話機同士による

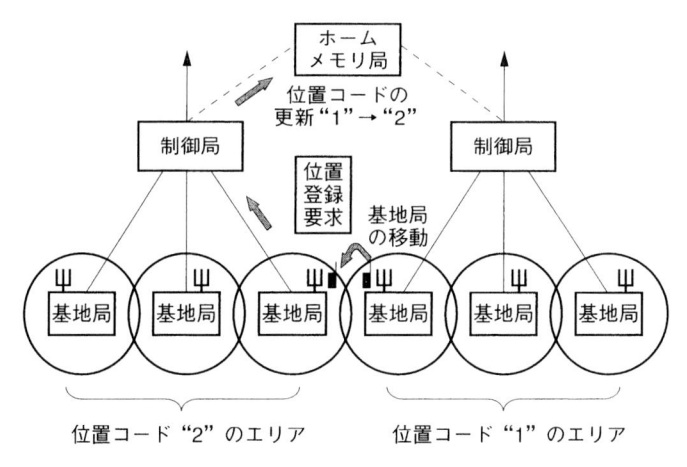

図 8.4 位置登録の仕組み

通信であり，もう1つは携帯電話機と従来からの固定電話機との通信である．携帯電話機同士の場合には，制御局などに設置される携帯電話用交換機を使用して接続される．しかし，固定電話機との接続には，固定電話網との接続点である **POI**（Point of Interface）を介して相互接続する．ここでは主に固定電話機との接続の流れを概観する．

(1) 携帯電話機からの発信

携帯電話機から相手に電話をしようとする場合，携帯電話機は，共通制御チャネルを使用して発信要求を基地局に伝える．この発信要求の中には，相手の電話番号や自分の携帯電話機番号などが含まれる．制御局が基地局を介して発信要求を受信すると，制御局は携帯電話機の番号をもとに，ホームメモリ局にアクセスして加入者データを読み出す．発信した携帯電話機が正規の利用者であると認められると，制御局は通信用の無線チャネルを選んで，基地局にその無線チャネルを設定する．さらに，制御局は，携帯電話機に対しても，基地局に設定したものと同一の無線チャネルに切り替えるように指示する．携帯電話機は，制御局からの指示に従って無線チャネルを切り替える．

通信相手が固定電話網の加入者である場合には，制御局は相手の電話番号に従って固定電話網のPOIまで回線を接続する．固定電話網に入ると，異なる種類のネットワーク間を結ぶための網間接続関門交換機と呼ばれる交換機を経由して相手に接続される．また，携帯電話機同士の場合には，携帯電話用交換機を用いて接続される．

この接続のプロセスで重要なことに認証がある．携帯電話機は通常の電話機のようにケーブルで固定的に接続されていないため，不正に使用される可能性が高い．そこで携帯電話機が正規なものであるか，否かを確認し，否である場合には接続を拒否する．この手順を**認証**といっている．

(2) 固定電話網の電話機からの発信

固定電話網の電話機から携帯電話機へ発信する場合には，以下の手続きを経て

8.6 携帯電話機と従来からの固定電話機との接続

接続される．電話番号から携帯電話機への発信であることを識別すると，固定電話網からPOIを経由して携帯電話網に接続される．POIに接続された制御局では，ホームメモリ局にアクセスして，該当する携帯電話機が，どこのエリアにあるかを調べる．位置登録エリアを知ると，制御局はそのエリアを管轄している制御局にこの通話の接続制御を引き継ぐ．引き継がれた制御局は，すべての基地局から該当する携帯電話機に対して一斉呼び出しを行う．この一斉呼び出しを受信した携帯電話機は，受信した旨の応答を直近の基地局を介して制御局に伝える．これによって制御局は，携帯電話機と通信を行う基地局を知ることができる．応答した携帯電話機が正当な加入者であることを確認すると，制御局は通信用の無線チャネルを選択し，基地局にその無線チャネルを設定する．さらに制御局は，携帯電話機に対して，基地局に設定したのと同じ無線チャネルに切り替えるように指示する．携帯電話機は制御局からの指示に従ってチャネルを切り替える．通信用のチャネルに切り替えた後には，通信中制御チャネルを使って制御信号のやりとりを行う．携帯電話機の呼び出し音を鳴らしたりする信号のやりとりを行った後，通話が開始される．

このプロセスでも携帯電話機からの発信の場合と同様に，着信側携帯電話機の正当性をチェックする認証が行われる．

(3) 通信中のゾーンの移動

携帯電話のサービスエリアは，小ゾーン方式で構成されている．そのため，携帯電話機が通話中に異なるゾーンへ移動したときにも，通話を途切れさせずにゾーンを切り換えなければならない．実際には使用している周波数も切り換える必要があり，これは通話中チャネル切り換えとかハンドオーバなどと呼ばれる．ゾーンを移動したことの検出は，携帯電話機側で周辺のゾーンの電波受信レベルを測定し，比較する方法により行われる．

ゾーンの移動を検出した携帯電話機は，通信をしている基地局経由でゾーンの移動を制御局へ通知する．連絡を受けた制御局は，切り換え先のゾーンの空き無線チャネルを選択し，切り換え先の基地局にその無線チャネルを設定する．さら

に，制御局は，通話中の基地局を経由して携帯電話機に，無線チャネルの切り換えを指示する．この指示に従って携帯電話機は，無線チャネルを切り換え，新しいゾーンでの通話を開始する．このとき，制御局は，前に使用していた基地局との通信回線を開放する．

8.7 携帯電話システムの動向

携帯電話システムは，自動車電話システムのうえに構成されたことは既に述べたとおりである．初期の自動車電話システムは，アナログ方式で実現され，ディジタル方式のサービスが我が国で開始されたのは1993年3月のことである．また，1999年2月からは，携帯電話によるインターネット接続サービスであるiモードが，NTTドコモにより開始され，携帯電話の利用方法が広がり，利便性を向上させた．さらに2001年10月からは第三世代携帯電話システムがサービスを開始し，利用サービス内容の高度化がなされている．以下でこれらについて概説する．

(1) 第1世代ーアナログ方式ー

アナログ方式では，雑音の影響を避けるために周波数変調という変調方式を使用していた．電話の音声帯域は約4kHzであるが，この変調方式を用いると約3倍の周波数帯域を必要とするようになる．また，利用者が快適に携帯電話を使用するためには，隣接した周波数帯からの干渉をなくす必要があり，チャネル・セパレーションという技術を適用していた．これは隣接するチャネルとの干渉を避けるための周波数間隔であり，変調方式を考慮して25kHzとしていた．このチャネル・セパレーション間隔では，周波数の利用効率が悪いため，その後，12.5kHzに半減され，さらにチャネル間の周波数の重なりを一部許容して使用する周波数帯域を減らす工夫もなされた．しかし，これ以上，周波数帯域を減らし，多数の人達で利用することは，困難となった．さらに周波数帯域を減らすためには，新たな技術が必要であり，LSI技術やディジタル信号処理技術の進歩に支えられてディジタル方式が登場することになった．

(2) 第2世代－ディジタル方式－

最高周波数4kHzの電話音声を通常の方法で符号化し，ディジタル情報に変換すると64kbit/sとなる．このディジタル情報を携帯電話システムで転送することは，アナログ方式以上に周波数帯域を必要とし，現実的ではない．この状況を打破したのが**帯域圧縮符号化技術**である．

帯域圧縮符号化は，音声に含まれる冗長な情報を除去してディジタル化する技術である．これはディジタル信号処理技術の進歩によって品質劣化を少なくすることが可能となったこと，およびそれを実現する手段であるCODEC（符号器・復号器）が，LSI技術の進歩によって小型で実現できるようになったこと，などによっている．最初のディジタル方式では，VSELPという帯域圧縮符号化によって音声を11.2kbit/sに符号化して使用した．最近ではさらに技術が進歩し，ハーフレートと呼ばれるように5.6kbit/sに符号化して使用されている．このようにディジタル方式では，アナログ方式よりもチャネル数を多くとることができ，携帯電話の普及に寄与することとなった．また，携帯電話機のディジタル化は，ディジタル情報を扱うことの整合性にすぐれ，iモードサービスの展開にも寄与することとなった．

ディジタルシステムの重要な技術として，携帯電話機と基地局との間のアクセス区間に適用される多重化方式がある．代表的なものがTDMAとCDMAである．TDMAはNTTドコモのディジタル携帯電話やPHSに使用されている．また，CDMAはKDDIのauに使用されている．

(3) 第3世代－IMT-2000－

携帯電話システムは，アナログ方式によるものを「第1世代」と呼び，ディジタル方式によるものを「第2世代」と呼んでいる．21世紀初頭からのサービス開始を目指して世界的に取り組まれたものが，**IMT-2000**と呼ばれる「第3世代携帯電話」である．IMT-2000は高品質で，高速なデータ通信を可能とすることに重点をおいて検討された．ITU（International Telecommunication Union）の勧告と

して5つの無線方式が採択されたが，我が国では2000年9月に電気通信審議会（当時）の答申によって「**W-CDMA**」と「**CDMA2000**」の2方式が採用されることになった．

W-CDMAは，我が国と欧州がITUに提案した方式を一本化して勧告としたものであり，NTTドコモとソフトバンクによって採用されている．また，CDMA2000は米国がITUに提案した方式である．これはディジタルシステムとしてサービスされていたcdmaOne方式との互換性を重視しており，同方式の拡張版ともいえるものである．我が国ではKDDIグループが採用している．

IMT-2000として実際にサービスを開始したのは，2001年10月のNTTドコモグループが世界で最初であり，最大で384kbit/sの通信速度を可能とした．引き続き2002年4月にKDDIグループが，そして同年12月にJフォンがサービスを開始した．さらに，HSDPA（High Speed Downlink Packet Access）技術により，下り方向7.2Mbit/sの高速サービスが提供されている．

8.8 携帯電話のまとめ

携帯電話の普及によって「いつでも，どこからでも，だれとでも通信ができるシステムを実現したい」という通信事業者の長年の夢が，かなえられたといってもよい．携帯電話システムでは，利用者がどこにいても必ずつながるようにネットワーク側で常時，その所在を管理している必要がある．また，そのことと関連し，接続に際して正当な加入者であるのか否かを確認する認証という手順を踏んでいる．これらが，ケーブルに接続された古くからの固定電話システムとの大きな違いである．本章では，携帯電話の特徴，つながる仕組み，主要な技術について学んだ．主な事項をまとめると次の通りである．

1) 無線通信法の発明は1895年にマルコーニによってなされた．携帯電話の本格的な普及は，1995年半ば頃からであり，無線通信法の発明から約100年という区切りのよい時期であった．

8.8 携帯電話のまとめ

2) 携帯電話とPHSの違いは，移動速度の違い（携帯電話は高速で，PHSは人間の歩行速度），専用のネットワークによるサービス（携帯電話）か，既存の電話ネットワークの利用（PHS）か，など多々あるが，利便性から携帯電話の利用者の方が圧倒的に多い．

3) 携帯電話で使用される電波は800MHz帯，1.5/1.6GHz帯である．なお，PHSには1.9GHz帯が使用されている．

4) 電波を活用する通信技術としてFDMA，TDMA，CDMAがある．FDMAは初期のアナログ携帯電話方式で使用された．TDMAはディジタル携帯電話方式やPHSで使用されている．また，CDMAはディジタル携帯電話方式と第三世代携帯電話方式であるIMT-2000で使用されている．

5) 電波が届いて通信が可能な範囲をゾーンという．大ゾーン方式と小ゾーン方式があるが，電波の使用効率に優れた小ゾーン方式が広く適用されている．

6) 携帯電話システムに特徴的な機能として，位置登録，認証，およびゾーン切替がある．位置登録は，利用者が使用場所を固定せず，常に移動するために必須である．認証は，携帯電話を不正に使用される危険性が高いため，接続毎に正規な利用者であることを確認するために必須である．また，ゾーン切替は，車などに乗って使用することも多く，ゾーンの変更が避けられない．ゾーンの移動に伴って通信が途切れないように高度な制御が行われている．

7) 携帯電話機と従来からの固定電話網に接続された電話機との相互接続は，POIを経由して行われる．

8) 携帯電話システムは，アナログ方式，ディジタル方式を経て，2001年10月から第3世代と呼ばれるIMT-2000に基づく方式がサービスを開始している．IMT-2000は高速データ通信をはじめとして高機能化が可能であり，その利用方法の開拓が重要である．

【演 習 問 題】

[8.1] 大ゾーン方式と小ゾーン方式の違いについて簡潔に述べよ．
[8.2] 一般電話システムにはない携帯電話システムに固有な機能を3つあげ，簡潔に述べよ．
[8.3] 携帯電話とPHSの違いを簡潔に述べよ．
[8.4] TDMAとCDMAの特徴について簡潔に述べよ．
[8.5] IMT-2000について簡潔に述べよ．
[8.6] 電波の伝搬特性について簡単に述べよ．

情報のハイウェイ 9
－光通信とネットワーク－

　現在の情報ネットワークは，大部分が光通信技術で構成されたネットワークであり，今後は各家庭にまでこの技術が導入されていくであろう．本章では，ディジタル通信と光通信の基礎，家庭でブロードバンドサービスが楽しめるブロードバンドアクセス技術の概要について学ぶ．

9.1 ディジタル通信の基礎

9.1.1 帯域と伝送容量

　ここまでに学んだように，電話ネットワークもインターネットも，情報はすべて"1"と"0"の信号として運ばれている．このような形態で情報の伝達を行うことを，ディジタル通信という．まず，ディジタル通信の基礎事項について説明する．

　情報信号を運ぶためには**伝送媒体**が必要である．伝送媒体は図9.1に示すように分類される．現在，電話局間を結ぶ基幹ネットワークの大部分に**光ファイバケーブル**が使用されている．**同軸ケーブル**は，光ファイバケーブルが導入される以前の基幹ネットワークの主要伝送媒体であった．この同軸ケーブルは今でもケーブルテレビや高速LANなどで用いられているが，基幹ネットワークではほとんど使われていない．そのほか**ペアケーブル**という銅線ケーブルがある．これは電話局から家庭までをつなぐケーブルとして使用されたり，イーサネットなどに安価な伝送媒体として用いられている．無線は，基幹ネットワークでも用いられ

```
          ┌─ 有線 ──┬─ 光ファイバケーブル
          │        ├─ 同軸ケーブル
          │        └─ ペアケーブル
          └─ 無線
```

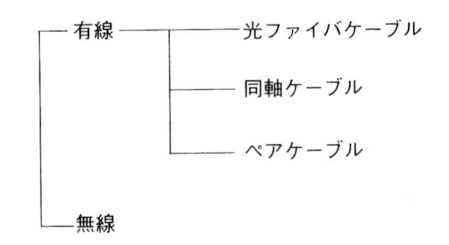

図 9.1 伝送媒体

ており，現在は携帯電話や無線LANなど，身近なところで広く利用されている．なお，通信システムは1章で学んだように多くの構成要素からなっているが，このうち伝送媒体部分を**伝送路**（transmission line）と呼ぶ．

　伝送媒体の能力を表す用語としてよく用いられるものに，帯域と伝送容量がある．これらについて説明する．ディジタル信号である"1"と"0"は，電気信号に変換される．この変換方法には，いろいろな種類があるが，図9.2(a)に示すように，もっとも単純な方式は，"1"を"パルスあり"，"0"を"パルスなし"，に対応させるものである．パルス幅をT〔sec〕とする．どのような伝送媒体を使用しても，パルス信号は伝送される間にその振幅が小さくなる**減衰**という劣化が避けられない．しかも減衰量は周波数によって異なり，一般的に高い周波数の信号ほど減衰が大きい．

　そこで，伝送する信号がどのような周波数成分で作られているかを知ることが必要である．その解析には**フーリエ級数**という数学的手法が用いられる．ディジタル信号の"1"と"0"が組になり，$2T$〔sec〕間隔で繰り返される信号を例として，ディジタル信号の周波数成分について計算した結果を図9.2(b)に示す．簡単のために$T=1$secとすれば，横軸は周波数を示し，例題のディジタル信号にはf_0〔Hz〕$=1/2T=0.5$Hzを基本として，f_0の奇数倍の周波数成分が存在し，一般的に高い周波数成分ほど少なくなっていることがわかる．

　つぎに，伝送媒体の減衰がディジタル信号に対してどのような影響を及ぼすかをみてみよう．簡単のためにある周波数f_c以下では減衰量が0で，f_cより大きい周波数での減衰量が無限大という擬似的な伝送路を考え，パルスがこの伝送路を

9.1 ディジタル通信の基礎

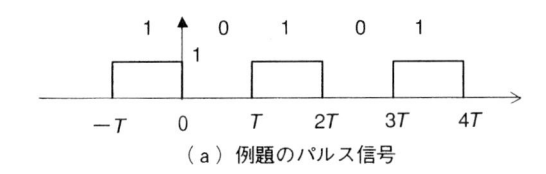

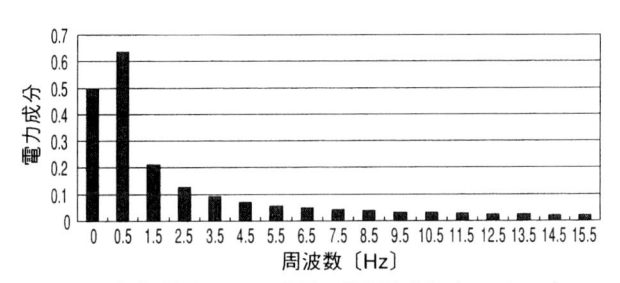

(a) 例題のパルス信号

(b) 例題のパルス信号の周波数成分 ($T = 1\,\mathrm{sec}$)

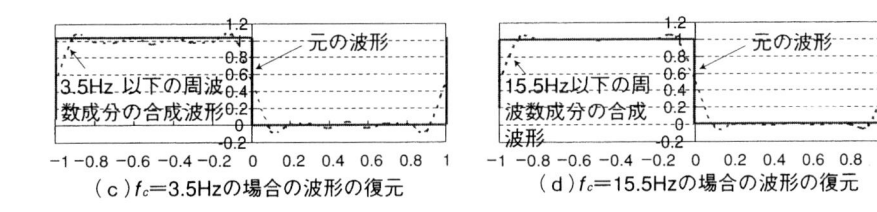

(c) $f_c=3.5\mathrm{Hz}$の場合の波形の復元

(d) $f_c=15.5\mathrm{Hz}$の場合の波形の復元

図 9.2 ディジタル信号の伝送波形

通過したときの波形を計算する．$f_c=3.5\mathrm{Hz}$とした例を図9.2(c)に，$f_c=15.5\mathrm{Hz}$とした例を図9.2(d)に示す．この結果から，f_cが高いほど元の波形に近い波形が得られることがわかる．元の波形とまったく同一でなくとも良いことがディジタル通信の利点である．しかし，元の波形と大きく異なると誤りになる．実際の伝送媒体では，減衰量が0ということはありえないが，通信に差しさわりのない減衰量となっている周波数部分を**帯域**という．光ファイバケーブルが最も帯域が広い伝送媒体であり，ついで同軸ケーブル，ペアケーブルの順に帯域が狭くなっている．

つぎに，帯域が広い伝送媒体を使うことの利点を考える．1つのディジタル信号は1bitの情報量を持つ．1bitの信号が占有する時間を$T\,[\mathrm{sec}]$とすれば，1秒間

に伝送できる情報量は $1/T$ bitである．通信の分野では1秒間に伝送できるビット数を**伝送速度**といい，bps（bit per second），あるいはbit/s，b/sなどの単位で表記される．

もう一度，図9.2(b)を見てみよう．高速信号ということは T が小さくなるということであるので，例えば2倍の高速信号，すなわち，$T=1/2\text{sec}$ とすると，n 番目の周波数は，図9.2(b)の場合の2倍となる．2倍の高速信号を運ぼうとすると，伝送媒体には2倍の帯域が必要になるということである．言い換えれば，帯域が広い伝送媒体ほど高速信号を運べるということになる．そこで，帯域が広いほど伝送容量が大きいという言い方をすることもある．

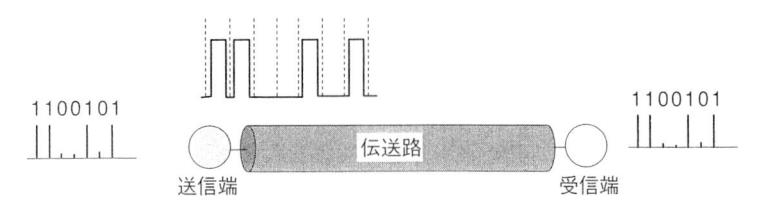

9.1.2　ディジタル伝送の基礎

ディジタル伝送の原理を図9.3に示す．すなわち，送信端で"1"と"0"からなる原情報を，パルス信号に変換し，受信端でパルス信号のレベルを測定して，定められた閾値よりもレベルが上であれば"1"，下であれば"0"と判定することにより，元のディジタル信号を得るというものである．パルス信号は9.1.1項で学んだように，伝送されるに従って減衰し，波形が乱れる．また，伝送途中で雑音が混入し，パルス波形が乱れることもある．このような原因で，受信したディジタル信号が，元のディジタル信号と異なって判定されることを，**伝送誤り**という．伝送誤りが発生しないように種々の対策が施される．

図 9.3　ディジタル伝送の原理

長距離伝送をすればするほどパルス信号の波形が劣化する．そこで，図9.4のように，劣化がひどくならない範囲でパルス波形を正しい波形に戻す技術が使われている．これを**再生中継機能**といい，この機能を実現する装置を中継器

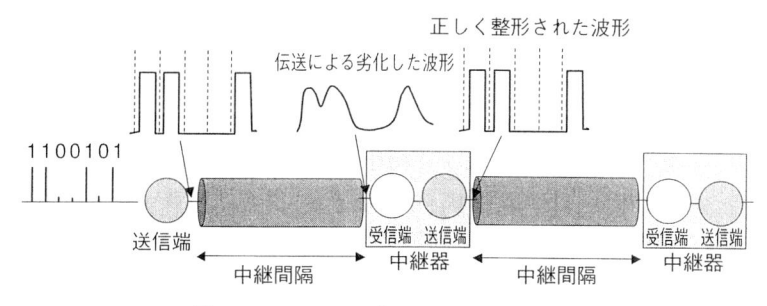

図 9.4 ディジタル伝送における中継機能

(repeater) という．原理的には図9.3の受信端機能と送信端機能を併せ持ったものと考えればよい．ディジタル伝送は，このように信号が劣化しても伝送誤りが発生しない範囲で中継器を利用すれば，いくらでも長距離に情報信号を伝送することができることが特徴である．

中継器を設置する間隔を**中継間隔**という．この中継間隔は，伝送誤りが発生しないように選ばれる．当然ながらこの間隔が長いほど伝送路コストは安くできる．中継間隔は減衰量の少ない伝送媒体ほど長くできる．同軸ケーブルによるディジタル伝送システムでは，中継間隔は数km以下であったが，現在の光ファイバケーブルによるディジタル伝送システムでは，80km以上が可能である．これが光ファイバ伝送システムを適用すると，低コストでネットワークを構成できる1つの理由である．

9.2 多重化

9.1節では伝送路の伝送容量について学んだ．伝送容量の大きい伝送路ほど性能がよいといったが，これは通信からみて何を意味するのだろうか．

現在電話局から各家庭の電話機まで，1本ずつのペアケーブルが敷設されている．もし，電話局間を結ぶ基幹ネットワークの部分にも利用者ごとに1本ずつのケーブルを使ったとしたら，莫大な数のケーブルが必要となり，そのコストも莫大になることは容易に想像できるであろう．そこで，1本のケーブルで，できるだ

け多くの電話信号やインターネット信号を同時に送る方法が考えられた．これが**多重化**である．

多重化の仕組みは有線，無線に係わらず同じであり，アナログ伝送の時代から利用されている．最も基本的な多重化の仕組みは，情報伝送に用いる周波数や時間という"資源"を区分し，利用者に配分することである．代表的方式を図9.5に示す．アナログ伝送では，周波数を用いて情報信号を伝送するので，多重化としては周波数を細かく区切って利用者に割り当てる**周波数分割多重**（FDM：Frequency Division Multiplexing）という技術が用いられる．これに対して，ディジタル伝送では，パルスを用いて情報信号を伝送するので，時間の中を細かく区切って利用者に割り当てる**時分割多重**（TDM：Time Division Multiplexing）という技術が用いられる．後で説明する光伝送では，光の波長を用いて情報信号を伝送するので，**波長多重**（WDM：Wavelength Division Multiplexing）が用いられる．

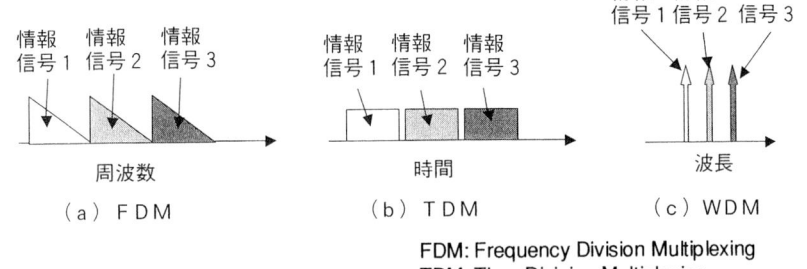

図 9.5 各種の多重化方式

ディジタル伝送で用いられる時分割多重について詳しく説明する．図9.6に示すように，4人の情報信号を1本のケーブルに多重化するとしよう．多重化前に1 bitの情報信号が占有する時間は，すべて同じくTとする．多重化前の伝送速度R_0は，$R_0=1/T$である．多重化後の伝送速度R_1は，T〔sec〕の中に4 bitが存在するので，$R_1=4/T=4R_0$である．経済性の観点からは，1本のケーブルに多くの情報信号を多重化することが望ましい．しかし，多くの情報信号を多重化するとい

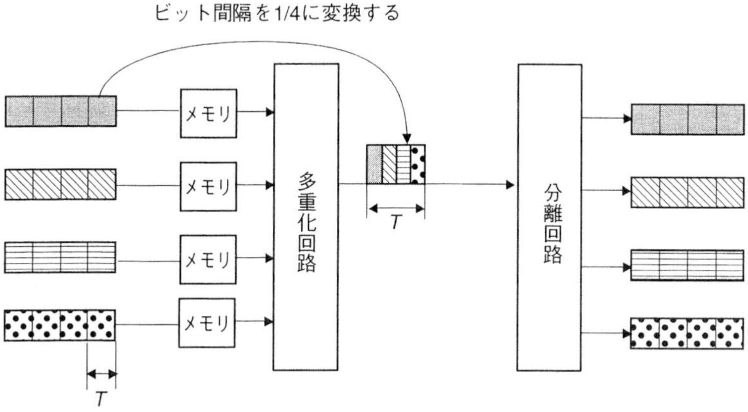

図 9.6 時分割多重化の原理

うことは伝送速度が高くなるということである．すなわち，伝送容量が大きいケーブルを必要とし，そのためにはケーブルの帯域が広くなければならない．光ファイバケーブルは，現在利用されているなかで最も帯域が広い伝送媒体であり，莫大な情報を伝送できるといわれる所以である．

つぎに，**同期**（synchronization）技術について説明する．多重化を行うときには図9.6のメモリにいったん蓄え，4倍の速度 R_1 に変換して多重化する．もし，4人の情報信号で間隔が少しずつ異なっていたらどうであろうか．高速道路へインターチェンジから入るときには，高速道路で走っている車の速度に合わせてから入るが，これと同じで4人の伝送速度は正確に R_0 でなければいけない．言い換えれば，4人の伝送速度が R_0 で一致している必要があるということである．そこで，伝送速度，すなわちビット間隔を一致させることが必要であり，これを**同期**という．ただし，同期という用語は，通信の分野ではいろいろな意味に用いられるので，厳密に区別する場合は**ビット同期**（bit synchronization）という．ビット同期の方法としては，余剰ビットを挿入したり，抜粋したりする**スタッフ**（stuffing）処理を用いる**非同期多重化**（asynchronous multiplexing）と，ネットワーク内に基準周波数を発生させる発信器を備え，これが基準周波数をネットワーク内に分配し，基準周波数を基に，ディジタル信号のビット間隔を一致させ，

多重化を行う**同期多重化**(synchronous multiplexing)がある.現在世界のネットワークでは同期多重化が主流となっている.

多重化においてもうひとつ重要なことは,分離するときに,どのビット位置が誰の情報信号かを識別することである.このため図9.6のような多重化では,時間間隔 T 毎に**フレーム同期信号**(framing signal)という区切りを示す符号列を挿入している.フレーム同期信号から何ビット目に情報信号1,何ビット目に情報信号2というように事前に決めておけば,分離回路で誤りなく各情報信号を分離できる.このように規則的な情報やフレーム同期信号などの配列を**フレーム構成**,あるいは単に**フレーム**(frame)という.ビット列の中からフレーム同期信号を見出す操作を**フレーム同期**(frame synchronization)という.フレーム同期信号は,あらかじめ"1","0"を組み合わせた特別なパターンが決められているので,図9.7に示すように,ビット列を順次検索していくことにより,目的のパターンを見つけることができる.これをフレーム同期を取るという.

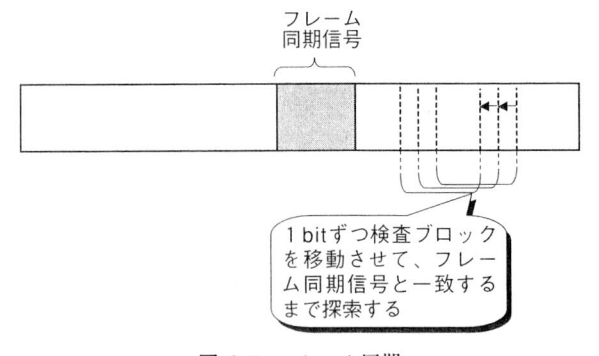

図 9.7 フレーム同期

9.3 光通信の基礎

9.3.1 光通信の構成要素

光通信では,ディジタル電気信号が"1"であれば光を発光させ,"0"であれば光を止めることにより,ディジタル電気信号を光パルスに変換する.光パルス

は光ファイバケーブルに送り出され，受信端で光パルスをディジタル電気信号に変換する．このような原理で情報信号を長距離にわたって伝送することを可能としている．以下に，光通信の詳細をみてみよう．

(1) **電気－光変換素子**

送信端でディジタル信号を光パルスに変換する素子としては，**発光ダイオード**（**LED**：Light Emitting Diode）と**半導体レーザ**（**LD**：Laser Diode）がある．発光ダイオードは非常に安い素子であるが，半導体レーザと比べると短距離でも光出力が減衰するなどの欠点を有する．そのため，長距離通信用には使用されない．

(2) **光－電気変換素子**

受信端では光信号が電気信号に変換される．光-電気変換に用いられる素子としては，**pinホトダイオード**と**アバランシホトダイオード**（**APD**：Avalanche Photo Diode）が用いられている．

(3) **光ファイバ**

光通信の構成要素として重要なものが**光ファイバ**である．情報通信ネットワークでは石英ガラスを主成分とする石英系ファイバが用いられている．光ファイバは図9.8に示すように，**コア**と**クラッド**で構成され，屈折率の高いコアを屈折率の低いクラッドが囲む構造になっている．コア径は数十μm（$1\ \mu$mは10^{-3}mm），クラッドの外径は0.1mm程度であり，私たちの髪の毛ほどの太さである．

屈折率の高い物質から低い物質に向けて進む光の入射角θが，ある値以上にな

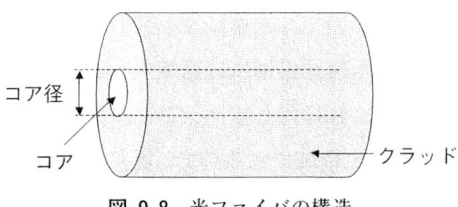

図 9.8 光ファイバの構造

ると，図9.9に示すように，光は屈折率の低い物質のほうには進まず，全反射を起こし屈折率の高い物質内にとどまる．光ファイバはこの原理を用いており，図9.10に示すように，コアに入射された光が，コアとクラッドの境界で全反射しながら光ファイバの中を進んでいく．これはプールなどの水中で光を発出すると，入射角がある値以上では空気との境界で光が反射し，光が空気中に出ない現象とまったく同じである．

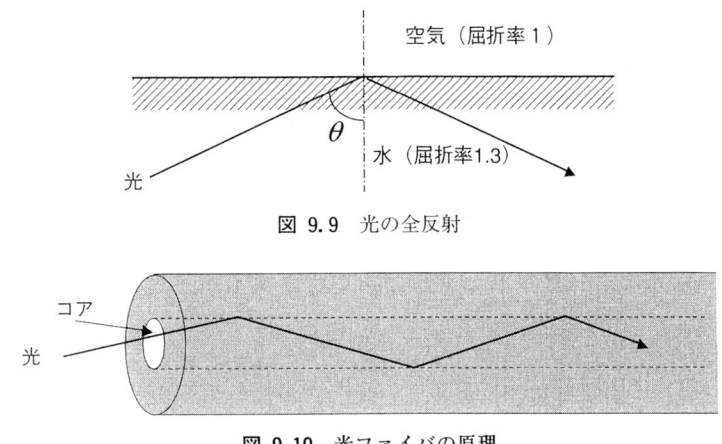

図 9.9 光の全反射

図 9.10 光ファイバの原理

光ファイバの種類としては，**シングルモードファイバ**と**マルチモードファイバ**がある．モードとは光ファイバの中を伝播される光の波の種別のようなものである．図9.11に示すように，シングルモードファイバはコアが細く（数μm程度），1つのモードだけを伝達する．これに対してマルチモードファイバは，複数のモードを伝達する．モードが異なると光の進む経路も異なるので，光の進む速度が異なることになる．そのためパルス信号を入力すると，1つのパルス信号が複数のモードによって運ばれるので，次第にパルスの形が崩れてくる．このため，マルチモードファイバは長距離通信用には適さず，現在ではLANなど短距離通信用として使用されている．これに対して，シングルモードファイバは伝送距離が80kmにも達し，また非常に広帯域であるので，現在の通信ネットワークで広く利用されている．

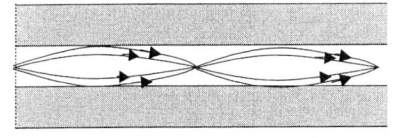

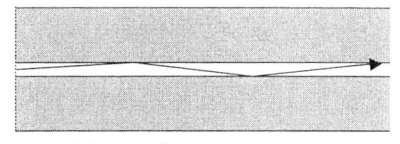

(a) マルチモードファイバ　　　　(b) シングルモードファイバ

図 9.11　マルチモードファイバとシングルモードファイバ

それでは，シングルモードファイバを中心として，光ファイバの特性について簡単に説明する．

光信号が光ファイバを進むときにどれぐらい光の強さが減るかを表わす評価尺度が**光損失**である．光損失の単位はdB（デシベル）である．これは，入力のパワーをP_{in}，出力をP_{out}とすると，$10\log(P_{out}/P_{in})$ で計算される．石英系光ファイバでは0.85μm近傍，1.3μm近傍，1.55μm近傍に光損失の少ない部分が存在する．現在の通信ネットワークでは，1.3μm帯と1.55μm帯が使用されている．1.55μm帯の光ファイバの損失は，1kmあたり0.2dB程度である．これは，$10^{-0.02}=0.955$，すなわち，1km進むと光のパワーが4.5%減衰することを意味する．

9.3.2　光通信システム

光通信システムの基本的な構成を図9.12に示す．先に図9.4で示した電気で構成されたディジタル伝送システムで，電気パルスの部分を光パルスに置き換えたものと考えればよい．送信端では半導体レーザのような電気-光変換素子が，ディジタル信号の"1"で発光し，"0"で消光というような動作を行い，ディジタル信号を光パルスに変換して，光ファイバに送出する．光パルスは，光ファイバの中を伝達される間に次第に波形が劣化する．そこで，中継器により元の波形に再生される．この中継器では光パルスは一旦，電気パルスに変換され，9.1節で説明した電気の中継器と同様な回路により，波形再生が行われた後，再び光パルスに変換される．

光ファイバの特徴は，広帯域で低損失なことである．広帯域性については，現在10Gbit/sの信号を伝送できるシステムが導入されている．低損失性では中継間隔80kmが可能であり，さらに光信号を増幅する光増幅技術の適用により，160km

```
  光パルス信号          正しく整形された光パルス信号
        伝送による劣化した波形
1100101
```

電気－光変換　　光－電気変換　　電気－光変換
光ファイバケーブル
電気パルス
波形整形

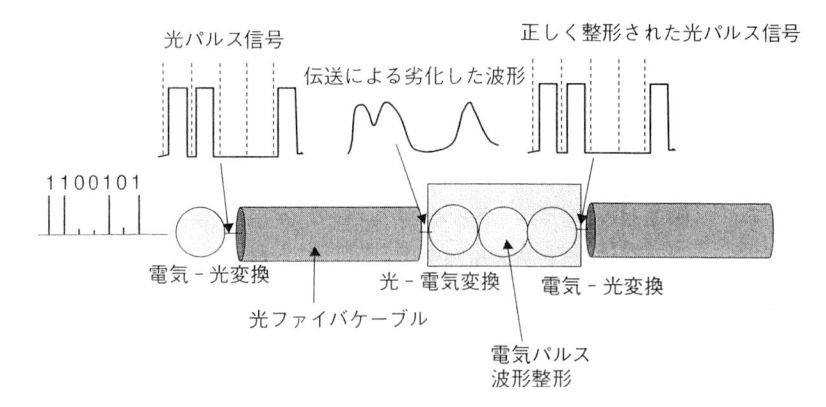

図9.12　光通信システム

の中継間隔も実現されている．

　インターネットはこれまでの電話に比べ，はるかに大量のトラヒックを生み出しており，一層大容量で低コストの光ネットワークを必要としている．このような次世代の光ネットワーク技術の中核として期待されている技術がWDM（波長多重）である．光通信は，これまでに説明したように，1つの波長を用いて情報信号を伝送する方式である．そこで，1本のファイバの中で異なった複数の波長を用いることができれば，より一層，大量の情報を安く伝達できるようになる．WDMは図9.13に示すように，波長合波器によって複数の波長を束ねて光ファイバに送り出す方式である．受信側では，波長分波器により1本のファイバから個々の波長が分離される．$1.55\mu m$帯に数十波以上の波長を多重化できる技術が使われており，1本のファイバで，波長数×1波長での伝送容量が実現できるので，ネットワークの容量を飛躍的に増大させることができる．

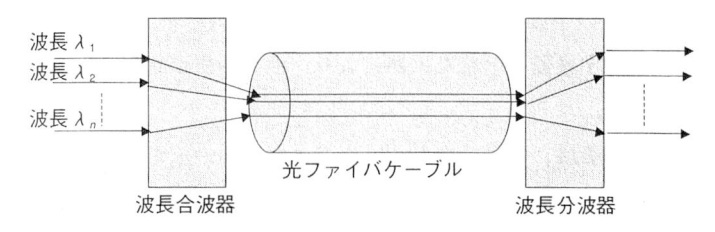

波長 λ_1
波長 λ_2
波長 λ_n
光ファイバケーブル
波長合波器　　波長分波器

図9.13　WDM方式

9.4 ブロードバンドアクセス

電話局から利用者宅のユーザー網インタフェースの部分までをアクセス系と呼ぶ．この部分は，これまで電話を提供するための電話線設備として構成されてきた．そのため，ケーブルには平衡対ケーブル，またはペアケーブルと呼ばれる1対の銅線ケーブルが使用されている．電話音声の伝送を主対象としており，4kHzの帯域を持ったアナログ信号の伝送に最適化されるように，ケーブルの太さなどが選ばれている．

基幹ネットワークがディジタル化され，あらゆるサービスをディジタル形式で運ぶことを狙いに構築された方式が，**ISDN**（Integrated Services Digital Network）である．このISDNは，電話線をそのまま用いて4kHzの帯域で64kbit/sのディジタル信号を2回線分運べる方式である．この方式はインターネットの普及初期に，電話線をそのまま使用しながらインターネットなどの新しいサービスの利用を可能としたことから急激に普及した．しかし，その後**ADSL**（Asymmetric Digital Subscriber Line）が実用化され，現在のように画像などを含んだ大容量の通信には対応できないISDNの利用者は減少している．

この画像通信などに適した方式を**ブロードバンドアクセス**（broadband access）という．ブロードバンドは本来，画像通信のような広帯域アナログ信号を意味していたが，現在では高速大容量を意味する用語として用いられている．ブロードバンドアクセスには以下に述べるADSL，FTTHなどがある．

(1) ADSL

ADSLは電話線を利用し，電話で使われる4kHzの帯域の上部を使用することによって，より高速のディジタル信号を運ぶ伝送方式である．図9.14に示すように，26kHzから1.1MHzの帯域にインターネットなどのディジタル信号が変調されて収容される．インターネットではWebの利用法でわかるように，情報をサーバから利用者のコンピュータにダウンロードする利用法が多いので，下り方向（電

話局から家庭への方向）への伝送速度が高いことが望ましい．そこで，ADSLは，上り方向より下り方向に広い帯域を取る非対称構成となっている．すなわち，上り方向と下り方向の伝送速度が異なることから，このような名称になっている．下り方向の伝送速度として，当初1.5Mbit/s方式が利用されたが，技術の改良が進み，12Mbit/sやさらに高速方式の50Mbit/s以上のものも利用されるようになっている．このように，ADSLは優れた方式であるが，電話線の高い周波数部分を使うので，伝送距離が長くなると損失が急激に増大する．あるいは雑音の影響を受けやすい，といった理由により，利用できる伝送速度が非常に遅くなったり，まったく通信できない場合があるという欠点を有する．

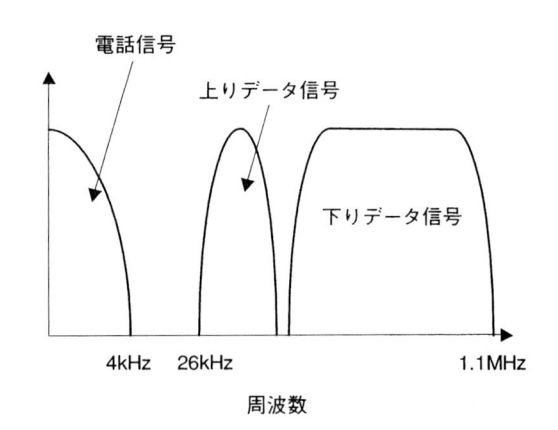

図 9.14 ADSLによる情報伝送

(2) **FTTH**

距離や雑音の制約がなく，さらに大容量の情報が伝送できる方式として期待されている方式が，**FTTH**（Fiber To The Home）と呼ばれる光ファイバ方式である．光ファイバを用い，ギガビットレベルの高速サービスが以前より安価に利用できるようになった．この方式は，雑音の影響を受けないなどの利点があるが，光ファイバを新たに敷設する必要がある．しかし，2008年にはFTTHの加入者数はADSLの加入者数を上回り，FTTHはブロードバンドアクセスの主流となった．技術開発により光部品などが安くなり，普及が加速している．

この他のブロードバンドアクセスとしては，無線LAN技術を用いた方式，無線MAN (Metropolitan Area Network) として標準化されたWiMAX (Worldwide Interoperability for Microwave Access) 方式，ケーブルテレビを利用した方式，家庭内に限られるが電力線を利用した方式など，いろいろな技術が競い合っている．さらに，携帯電話も高速化が進められており，利用者は多様な選択肢を持てるようになり，どこでもインターネットやコンピュータにアクセスできる，ユビキタスコンピューティング環境が実現しつつある．

9.5 情報ハイウェイのための技術とは

この章では高速情報ネットワークを築くための光技術と，光ネットワークについて学んできた．これらの技術をまとめると以下の通りとなる．

1) 伝送媒体の能力を示す用語に，帯域，伝送容量，減衰があり，帯域が広いほど高速ディジタル信号を伝送できる．また，減衰量が少ないほどディジタル信号を長距離に伝送できる．
2) ディジタル伝送では，受信側で受信した信号波形を基に"0"か"1"かを識別する．信号波形が多少劣化しても，"0"と"1"を正しく識別できれば，情報を正確に伝送できることが，ディジタル伝送の利点である．
3) 伝送媒体を共有し，経済的にネットワークを構築する技術が多重化である．現在のディジタル網では時分割多重化で，同期多重化が主に用いられている．
4) 光ファイバケーブルは，非常に帯域が広く，損失が極めて少ないという性質を持っている．半導体レーザとシングルモードファイバを用い，高速で経済的なネットワークを実現することが可能になった．さらに，WDMにより一層の大容量ネットワークが実現されようとしている．
5) アクセス系もブロードバンド化が進んでおり，ADSLやFTTHなどが用いられている．

【演 習 問 題】

[9.1] ディジタル信号の伝送において，伝送媒体の減衰特性がどのような影響を及ぼすかを考察せよ．

[9.2] 帯域が広い伝送媒体ほど，高速のディジタル信号が伝送できる理由を説明せよ．

[9.3] ディジタル伝送で長距離にわたりディジタル信号を伝送できる原理を説明せよ．

[9.4] FDM，TDM，WDMの原理を説明せよ．

[9.5] 非同期多重化と同期多重化の原理を説明し，両者の比較を行え．

[9.6] 光ファイバの構造を示し，光通信の原理を説明せよ．

[9.7] 電気信号によるディジタル伝送システムと光ファイバ伝送システムについて比較を行え．

[9.8] ADSLに比べFTTHが高速インターネットサービスが可能な理由を考察せよ．

【参 考 文 献】

2章

(1) 辻井重男,河西宏之,宮内充:ネットワークの基礎知識,1997年,昭晃堂
(2) 福永邦雄,泉正夫,萩原昭夫:コンピュータ通信とネットワーク,2002年,共立出版
(3) アナベルト.Z.ドッド,堤大介訳:通信ネットワーク標準講座,2002年,ソフトバンク
(4) 小林龍生,安岡孝一,戸村哲,三上喜貴:インターネット時代の文字コード,2002年,共立出版

3章

(1) 五嶋一彦著:情報通信網,1999年,朝倉書房

4章

(1) 秋丸春夫,川島幸之助著:情報通信トラヒック―基礎と応用,2000年,電気通信協会
(2) 五嶋一彦著:情報通信網,1999年,朝倉書房

5章

(1) 戸根勤:ネットワークはなぜつながるのか,2002年,日経BP社
(2) 小林浩,江崎浩:インターネット総論,2002年,共立出版
(3) W. Richard. Stevens,橘康雄訳:詳解TCP/IP Vol.1 プロトコル,2000年,ピアソン・エデュケーション社

6章

(1) 釜江尚彦:ローカルエリアネットワーク,1992年,昭晃堂
(2) Cbarles E. Spurgeon,櫻井豊監訳:Ethernet,2000年,オライリー・ジャパン
(3) 石田修,瀬戸康一郎監修:10ギガビットEthernet教科書,2002年,IDGジャパン

(4) Rich Seifert, 間宮あきら訳：LANスイッチング，2001年，日経BP社
(5) Gene：最新ルーティング＆スイッチング：2003年，秀和システム
(6) 杉浦彰彦：ワイヤレスネットワークの基礎と応用，2003年，CQ出版社
(7) 松江英明，守倉正博監修：802.11高速無線LAN教科書，2003年，IDGジャパン

7章

(1) 安田浩監修：標準インターネット教科書，1996年，株式会社アスキー
(2) 竹下隆史，村山公保，荒井透，苅田幸雄著：マスタリングTCP/IP 入門編第3版，2002年，オーム社
(3) 辻井重男，河西宏之，宮内充著：ネットワークの基礎知識，1997年，昭晃堂

8章

(1) 木下耕太：これだけは知っておきたい「移動通信サービス」，1996年，電気通信協会
(2) 井上伸雄，都丸敬介：新情報通信早分かり講座，1997年，日経BP社
(3) 辻井重男，河西宏之，坪井利憲：ディジタル伝送ネットワーク，2000年，朝倉書店
(4) 池田博昌：情報交換工学，2000年，朝倉書店．

9章

(1) 辻井重男，河西宏之，坪井利憲：ディジタル伝送ネットワーク，2000年，朝倉書店
(2) 西村憲一，白川英俊：やさしい光ファイバ通信（改訂3版），1999年，電気通信協会
(3) 小林郁太郎：光通信工学(1), (2), 1998年，コロナ社

演習問題解答

2 章

[2.5] 標本化周波数は16kHzであるから$16 \times 8 = 128$kbit/s

[2.6] $2^3 = 8$，8つの状態は (000)，(001)，(010)，(011)，(100)，(101)，(110)，(111)

[2.7] $(768 \times 8) / 64 = 96$sec

[2.9] $200 \times 5 \times 8 = 8000$bit

4 章

[4.6] (1) 数表で，呼量 = 10erlの行をみていくと，回線数 = 17では呼損率 = 0.013 (1.3%)，回線数 = 18では呼損率 = 0.007 (0.7%) となるため，呼損率を1%以下にするには18回線が必要になる．同様に，呼量 = 20erlでは，回線数 = 29では呼損率 = 0.013 (1.3%)，回線数 = 30では呼損率 = 0.008 (0.8%) となるため，30回線が必要になる．

(2) 与えられた条件では，$\lambda = 3000$パケット/sec = 3パケット/msec，L=1024bits，R=5Mbit/sとなり，$h = 1024/5000000 = 0.0002048$sec = 0.2048msec，$a = \lambda h = 0.6144$となる．このとき，伝送遅延は次式で与えられる．

$D = ah/(1-a) + h = 0.6144 \times 0.2048/(1-0.6144) + 0.2048$
$= 0.3263 + 0.2048 = 0.5311$msec

6 章

[6.1] "1" は前半負電位，後半正電位，"0" は前半正電位，後半負電位である．

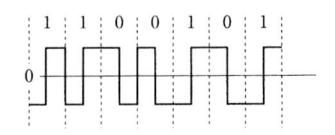

索　引

(五十音順)

あ　行

アーラン　57
アーランの損失式　59
アーランB式　59
アカウント　15
アクセス系　147
アクセスポイント　93
アドホックモード　94
アドレス　3, 6, 10
アナログ信号　19
アナログ変調　25
アナログ方式　130
アバランシホトダイオード　143
アプリケーションゲートウェイ　107
アプリケーション層　70
網型　53
暗号アルゴリズム　110
暗号鍵　110
暗号文　110

イーサネット　87
イーサネットフレーム　90
位相変調　25
位置登録　123, 126
インターネット　7, 67
インターネットサービスプロバイダ　67
インタフェース　73
イントラネット　106
インフラストラクチャモード　94

ウィンドウ制御　82

か　行

改ざん　104, 109
回線　40

回線交換　40
回線交換機　40
回線交換方式　40
階層構造　71
確認応答　81
加入者線　38
加入者線交換機　46, 48
加入者番号　7, 39
カプセル化　74

基地局　93, 124
キュー　58
共通チャネル　126
行列　58

クラッド　143
クロスバスイッチ　41
群局　48

携帯電話　118
経路選択法　54
経路表　74
減衰　136

呼　55
コア　143
公開鍵暗号方式　111
交換　4
交換機　4, 37
呼損　58
呼損率　58
コネクション　79
コネクション型　45, 75
コネクションレス型　43, 45, 75
呼量　57

索　引

さ　行

再生中継機能　138
再送制御　81, 82
再送タイマー　82

市外局番　7, 39
市外交換機　46, 48
シグナリング　41
指数分布　58
市内局番　7, 39
時分割多重　140
集束　2
集束ネットワーク　2, 6
周波数分割多重　140
周波数変調　25, 130
常時接続　9
小ゾーン方式　121
衝突　93
衝突検出　93
シングルモードファイバ　144
信号方式　41
振幅変調　25

スタッフ　141
ステーション　89, 93
スペクトル拡散　96
スループット　82

制御局　125
静的ルーティング　78
セキュリティホール　105
セキュリティポリシー　105
全2重型通信　90

層　71
ゾーン　121
送出時間　61
即時系　58
損失系　58

た　行

ダイヤルアップ接続　8
帯域　137
帯域圧縮符号化　31, 131
帯域制　39
第1層　70
大群化効果　61
第5層　70
第3層　70
待時系　58, 61
第2層　70
第4層　71
大ゾーン方式　122
タイムアウト　82
ダイヤル　4, 38
ダイヤルパルス信号　38
多重アクセス　92, 121
多重化　140
多重伝送方式　38
端末　5, 7, 41

地域間トラヒック　54
チャネル・セパレーション　130
中継間隔　139
中継局　48
中継線　46
直接拡散　96

通信中制御チャネル　126
通信回線　40
通信品質　52, 54
通話路スイッチ　40

低域通過フィルタ　26
ディジタル信号　19
ディジタル電話ネットワーク　38
ディジタル符号　38
ディジタル変調方式　28

索　引

ディジタル方式　131
データグラム　43, 45
データリンク層　70
デシベル　21
電子署名　113
電気-光変換素子　143
電子メール　13
伝送誤り　138
伝送速度　23, 138
伝送遅延　61
伝送媒体　135
伝送路　136
伝播特性　119
電話機　4, 37
電話番号　4

同期　141
同期多重化　142
同軸ケーブル　135
動的ルーティング　78
時分割多重(「じぶんかつたじゅう」の　項参照)
特定中継交換機　48
ドメイン名　14
トラヒック　51
トラヒック設計　52
トランスポート層　71

な　行

斜め回線　47

認証　109, 112, 128

ネット番号　78
ネットワーク層　70
ネットワークトポロジー　53

は　行

バーチャルコール　45

媒体アクセス制御　87
バイト　34
パケット　7, 43
パケット交換　40
パケット交換機　44
パケット交換方式　43
パケットフィルタリング　107
パスワード　15
波長合波器　146
波長多重　140
波長分波器　146
バックオフ時間　96
発光ダイオード　143
発呼率　55
バッファ　44
バリアセグメント　106
パルス変調　26
パルス変調方式　27
半2重型通信　89
搬送波　25
搬送波検知　92
半導体レーザ　143

光損失　145
光-電気変換素子　143
光ファイバ　143
光ファイバケーブル　135
ビット　22
ビット同期　141
非同期多重化　141
秘密鍵暗号方式　111
標本化定理　26
標本値　26
平文(「へいぶん」の項参照)

ファイアウォール　106
フーリエ級数　136
輻輳　83
輻輳ウィンドウ　83

索　引

輻輳制御　81, 83
プッシュボタン信号　38
物理層　70
ブラウザ　10
プリアンブル　90
ブリッジ　76, 98
振り分け機能　2, 6
フレーム　142
フレーム開始デリミタ　90
フレーム構成　142
フレーム同期　142
フレーム同期信号　142
フロー制御　81
ブロードキャスト　99
ブロードバンドアクセス　147
プロトコル　69
分配ネットワーク　2, 6

ペアケーブル　135
平文　110
ペイロード　44
ベストエフォート　75
ヘッダ　44, 74
ヘルツ　20
変復調技術　24

方式　40
ポート番号　81, 83
ホームメモリ局　127
星型　53
ホスト　7
ホスト番号　78
保留時間　56
保留時間分布　56

ま　行

待行列　58
待合わせ遅延　61
マルチモードファイバ　144

無線LAN　87, 93

メーラ　13
メールアドレス　13
メールサーバ　13

網型（「あみがた」の項参照)
モード　144
モールス符号　19
モデル化　54

ら　行

ランダム生起　55

リピータ　76, 97
リピータハブ　89, 97
量子化　28
量子化雑音　28

ルータ　7, 68, 74, 99
ルーティング　78
ルーティングプロトコル　78
ルーティング法　54

レイヤ　71
レイヤ3スイッチ　99

ローカルエリアネットワーク　9

（欧文）

10BASE 5　89
10BASE-T　89
ACK　81
ADSL　147
ADPCM　31
APD　143
ARP　100
ARP応答　100

索　引

ARP要求　100
ASCII　32

CDMA　121, 131
CDMA2000　132
CS-ACELP　31
CSMA/CA　96
CSMA/CD　87, 92

DMZ　106
DNS　12, 15, 68
DP　38

ethernet　87

FCS　91
FDMA　121
FTTH　148

HTTP　69

IEEE802.11a　95
IEEE802.11b　95
IEEE802.11g　95
IEEE802.11n　95
IEEE802.3　88
IFS　96
IMT-2000　131
IP　70
IPアドレス　10, 77
IPパケット　77
IPヘッダ　77
ISO-646　33
ISDN　147
ISP　67

JIS X 0201　33

JPEG　31

LAN　9, 86
LANスイッチ　89, 99
LD　143
LED　143

MAC　87
MACアドレス　90
MACフレーム　90
MPEG　31
MSS　79
MTU　77

OSPF　79

PB　38
PHS　118
pinホトダイオード　143
POI　128

RIP　79

SMTP　70

TCP　70, 79
TCPコネクション確立　72
TCPセグメント　79
TCPヘッダ　79
TDMA　121, 131

UDP　71, 83
URL　10

W-CDMA　132
WDM　146
Webサーバ　12

著者略歴

河西宏之（かさい ひろゆき）

- 1968年 山梨大学大学院修士課程修了
  伝送システム研究所等をへて
- 2003年 東京工科大学コンピュータサイエンス学部教授

  元東京工科大学名誉教授
  工学博士

北見憲一（きたみ けんいち）

- 1975年 東京大学大学院工学系研究科博士課程修了
  NTT電気通信所をへて

  東京工科大学コンピュータサイエンス学部教授
  工学博士

坪井利憲（つぼい としのり）

- 1975年 早稲田大学理工学部大学院修士課程修了
  NTT光ネットワークシステム研究所等をへて

  東京工科大学コンピュータサイエンス学部教授
  工学博士

情報ネットワークの仕組みを考える　　定価はカバーに表示

2004年2月25日　初版第1刷
2014年9月15日　新版第1刷

著　者　河　西　宏　之
　　　　北　見　憲　一
　　　　坪　井　利　憲
発行者　朝　倉　邦　造
発行所　株式会社　朝　倉　書　店

東京都新宿区新小川町6-29
郵便番号　162-8707
電話　03(3260)0141
FAX　03(3260)0180
http://www.asakura.co.jp

〈検印省略〉

© 2014〈無断複写・転載を禁ず〉

ISBN 978-4-254-12202-2　C 3041

JCOPY ＜(社)出版者著作権管理機構 委託出版物＞

本書の無断複写は著作権法上での例外を除き禁じられています．複写される場合は，そのつど事前に，(社)出版者著作権管理機構（電話 03-3513-6969，FAX 03-3513-6979，e-mail:info@jcopy.or.jp）の許諾を得てください．

九州工業大学情報科学センター編

デスクトップLinuxで学ぶ コンピュータ・リテラシー

12196-4 C3041　　　　B5判 304頁 本体3000円

情報処理基礎テキスト（UbuntuによるPC-UNIX入門）。自宅PCで自習可能。［内容］UNIXの基礎／エディタ，漢字入力／メール，Web／図の作製／LaTeX／UNIXコマンド／簡単なプログラミング他

前東北大 丸岡　章著

情 報 ト レ ー ニ ン グ
――パズルで学ぶ，なっとくの60題――

12200-8 C3041　　　　A5判 196頁 本体2700円

導入・展開・発展の三段階にレベル分けされたパズル計60題を解きながら，情報科学の基礎的な概念・考え方を楽しく学べる新しいタイプのテキスト。各問題にヒントと丁寧な解答を付し，独習でも取り組めるよう配慮した。

前日本IBM 岩野和生著
情報科学こんせぷつ4

ア ル ゴ リ ズ ム の 基 礎
――進化するIT時代に普遍な本質を見抜くもの――

12704-1 C3341　　　　A5判 200頁 本体2900円

コンピュータが計算をするために欠かせないアルゴリズムの基本事項から，問題のやさしさ難しさまでを初心者向けに実質的にやさしく説き明かした教科書〔内容〕計算複雑度／ソート／グラフアルゴリズム／文字列照合／NP完全問題／近似解法

慶大 河野健二著
情報科学こんせぷつ5

オペレーティングシステムの仕組み

12705-8 C3341　　　　A5判 184頁 本体3200円

抽象的な概念をしっかりと理解できるよう平易に記述した入門書。〔内容〕I/Oデバイスと割込み／プロセスとスレッド／スケジューリング／相互排除と同期／メモリ管理と仮想記憶／ファイルシステム／ネットワーク／セキュリティ／Windows

明大 中所武司著
情報科学こんせぷつ7

ソ フ ト ウ ェ ア 工 学（第3版）

12714-0 C3341　　　　A5判 160頁 本体2600円

ソフトウェア開発にかかわる基礎的な知識と"取り組み方"を習得する教科書。ISOの品質モデル，PMBOK，UMLについても説明。初版・2版にはなかった演習問題を各章末に設定することで，より学習しやすい内容とした。

日本IBM 福田剛志・日本IBM 黒澤亮二著
情報科学こんせぷつ12

デ ー タ ベ ー ス の 仕 組 み

12713-3 C3341　　　　A5判 196頁 本体3200円

特定のデータベース管理ソフトに依存しない，システムの基礎となる普遍性を持つ諸概念を詳説。〔内容〕実体関連モデル／リレーショナルモデル／リレーショナル代数／SQL／リレーショナルモデルの設計論／問合せ処理と最適化／X Query

東北大 安達文幸著
電気・電子工学基礎シリーズ8

通 信 シ ス テ ム 工 学

22878-6 C3354　　　　A5判 176頁 本体2800円

図を多用し平易に解説。〔内容〕構成／信号のフーリエ級数展開と変換／信号伝送とひずみ／信号対雑音電力比と雑音指数／アナログ変調（振幅変調，角度変調）／パルス振幅変調・符号変調／ディジタル変調／ディジタル伝送／多重伝送／他

東北大 塩入 諭・東北大 大町真一郎著
電気・電子工学基礎シリーズ18

画 像 情 報 処 理 工 学

22888-5 C3354　　　　A5判 148頁 本体2500円

人間の画像処理と視覚特性の関連および画像処理技術の基礎を解説。〔内容〕視覚の基礎／明度知覚と明暗画像処理／色覚と色画像処理／画像の周波数解析と視覚処理／画像の特徴抽出／領域処理／二値画像処理／認識／符号化と圧縮／動画像処理

石巻専修大 丸岡　章著
電気・電子工学基礎シリーズ17

コンピュータアーキテクチャ
――その組み立て方と動かし方をつかむ――

22887-8 C3354　　　　A5判 216頁 本体3000円

コンピュータをどのように組み立て，どのように動かすのかを，予備知識がなくても読めるよう解説。〔内容〕構造と働き／計算の流れ／情報の表現／論理回路と記憶回路／アセンブリ言語と機械語／制御／記憶階層／コンピュータシステムの制御

室蘭工大 永野宏治著

信 号 処 理 と フ ー リ エ 変 換

22159-6 C3055　　　　A5判 168頁 本体2500円

信号・システム解析に使えるように，高校数学の復習から丁寧に解説。〔内容〕信号とシステム／複素数／オイラーの公式／直交関数系／フーリエ級数展開／フーリエ変換／ランダム信号／線形システムの応答／ディジタル信号ほか

上記価格（税別）は2014年8月現在